品味飲食 013

品酒時尚

Drinking in Style

作者＝楊惠卿　攝影＝David Hartung

▎品酒宣言

▎品酒學問，職場新鮮人必懂！

品酒，並不只是倒杯酒、大夥兒吆喝著一口乾，
而是一種生活時尚運動，
更是初入職場的新鮮人，必須學會的一項技能。
不論是為了生活休閒，還是商場上的宴會、餐會，應付各種交際場合，
你都必須學會端起那一小小杯迷人的酒，喝得有水準、有樣子。

▎放鬆壓力，重新塑造自我魅力！

累積一周工作壓力，迅速解除壓力的方法，就是好好飲杯酒！
不管是安靜獨飲、或是與三五好友相約暢飲，
藉著酒精放鬆心情，投身人群觀察眾生百象，
完全不用煩惱工作、只管沉浸美酒與佳餚，
躺在餐廳精心布置的舒適沙發裡，心情立時好了起來！

▎展現個人品味的絕佳方法！

別說完了紅酒配紅肉、白酒配白酒，腦子裡就沒有其他品酒知識了？
這樣會顯得一點品味都沒有。
小小的Lounge Bar，其實充滿著科技新貴、社交名媛，
別顯得自己像個呆頭鵝一樣，生澀地連怎麼點酒、怎麼品酒都不會，
那麼你就跟時尚絕緣。
趕緊惡補基本知識，當你彷若老客人似地與Bartender討論如何配酒，
熟練地聞香、晃動酒杯、輕啜一口酒後，享受沉醉表情，
馬上讓旁人對你另眼相看，認為你是個有料的時尚高手！

Content

10 個品酒基本知識

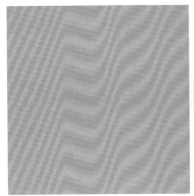

懂得品酒，就是時尚的表徵

　　每一個年代的新人類，都在創造屬於他們的生活與社交文化。曾經，會打撞球的就是壞小孩、上舞廳的是太妹、演戲唱歌的是戲子、講台語是沒水平、說英文的是愛現、打電動的一定缺親情、上夜店的一定是去搖頭、乾杯的是酗酒；如今，不會撞球也要會打高爾夫球、不會跳舞也要會有氧，沒有去機場接裴勇俊、也會把林志玲當偶像，不會幾句「白目」、「登大人」的閩南語，英文最好溜得讓人以為你是ABC，不會打電動就很難和同儕有交集、上夜店的可都是時尚男女、「Cheers」或乾杯都還是淺酌，千萬別一杯乾了它。所以，好人與壞事，只是表現在不同的時代而有不同的觀點，誰會知道二十一世紀的電腦如今也會撿土豆？

　　不過，聚會還是要上餐廳、社交還是要透過舉杯，在擁擠與高壓的城市中「慢」食文化已悄悄地在時尚圈蔚為流行，義大利菜、法國餐廳、希臘與西班牙小館等異國餐廳多過乾杯文化的台、川、菜館，從餐前酒到餐後酒，慢嘗淺酌，非要二、三個小時，感情才能加溫。續攤文化也從Coffee Shop和KTV轉戰至居酒屋與Lounge Bar，許多人期待周末來到自己對味的模糊地帶、找尋自己喜歡的角落與沙發，盡快進入極度頹廢與不振，經過酒精的催情，暫時忘卻難解的現實。

　　但是，經過好地方要與好朋友分享的原則後，輕鬆一下的好餐廳與小酒店，不但是科技新貴、社交名媛不能隨意的角落，反而成為都會男女較勁的地方，你、我、他，都是別人的視野、也是店裡的一景，於是，追求時尚的你，除了要知道左手拿叉、右手拿刀，也要知道怎麼說、怎麼穿、怎麼點、怎麼喝、怎麼調？當課本沒教、老師沒說、同學不會、朋友不多，帥男靚妹要如何迅速進入時尚圈才能和人同一掛？要如何知道出入高級飯店、餐廳與酒吧時，不會被看出生澀與緊張？要如何在大家都很弱的品酒領域中，分得出波爾多與勃根地？別以為說得出白蘭地與威士忌就是熟男、握著一杯紅酒就叫品味、來一杯「馬丁尼」與「X.Y.Z」就帶洋味，其實，烈酒也可以軟喝、清酒也可以凍飲、自創雞尾酒考考Bartender就知道你有料！

　　如果不是想要成為一個品酒家，建議選本好的工具書，從專家提供的速食品酒方式，快速地了解酒類的起源及魅力、迅速掌握如何從酒單看門道，在家就可以開始練習品酒禮儀與各個步驟，進而說得一口品酒經及酒與料理間的親密關係。本書特別挑選飯店餐廳、Dinner Bar、Lounge Bar及Pub等不同經營型態的品飲餐廳與店家，配合不同種類的酒品，讓讀者可以知道，在不同型態的地方該如何很快融入情境、品味美酒，或獨創調酒，立即成為眾人焦點、化身為令人稱羨的品味家，同時開啟品味時尚生活的另一扇窗。

楊惠卿

● ● ● ● ●

Drinking

in

Style

關於酒—10個必懂知識

了解酒的背景、酒館文化、點酒品酒的方式、適用的酒杯及品酒的場所，一直到餐廳禮儀、以及與健康的關係，就可以成為一個很有料、說的一口好「酒經」的品酒人。挑選一款偏愛的酒類、開始認識它有趣的由來，隨著行家慢慢掌握品酒秘訣，別說不喜歡喝酒、不懂品酒、不會喝酒，其實打開這本書時早已進入品味之列，成為入流的時尚品酒人。

1.為什麼要懂得品酒

▍尋找心靈契合

　　品酒家說：「每個人一生中，都會有一支屬於自己的酒，就看你是否能耐心等待、與它相遇。如果你不喜歡品酒，是因為你還沒有找到喜歡的味道；如果你已經開始品酒，你一定可以找到你喜歡的味道並繼續尋找令你心動的契合；如果你一直在品酒，那你一定能找到與你契合又心動的味道，並且繼續嘗試如何和你融為一體的感覺。」所以，又有人說：「鎮日遊走於大小餐會的美食品酒家，只是為人評鑑與試飲，也許他們都還沒找到真正屬於自己的好酒，所以，找到發自內心的美味，那才是真正的品酒家。」

　　台灣正邁向國際城市的同時，餐廳用餐的點酒率已逐漸提升至5成，西風洋味的夜店也正和咖啡風情暗地較勁；喝杯小酒是新世代的社交文化，Lounge Bar就成了小酌與舒壓兼具的時尚處。只是，多數人只會就著價錢點酒，或依著紅酒配紅肉、白酒佐白肉的基本常識，要不就是繞著唯一知道的「馬丁尼」與「長島冰酒」幾款雞尾酒裝懂，而不敢多做嘗試。殊不知，其實有些爽口的紅酒也可以配白肉、白酒配生魚片也很讚，清酒已不再只能熱飲、凍飲才是流行；而干邑與白蘭地可是大大不同，更別提雄烈的威士忌與伏特加已在創意飲法中，被發掘出隱藏的纖細，連社交名媛都忍不住愛上它的可剛可柔。而不能喝酒的人，也開始愛上Lounge的無拘無束，不過建議你最好先做功課，認識主要的5種基酒，才能在特調雞尾酒當道的時代，考驗Bartender的調酒功力，調出一杯專屬個人品味的「獨家首賣Cocktail」。

晉身流行時尚

　　為什麼要懂得品酒？就如同用寬頻玩Game才有速度感、MSN可提高工作效率、上好餐廳一定要提前預約、休旅車上要有衛星導航系統、旅行時不願意再跟團當傻瓜，當你這般隨著時尚潮流與品味路線走時；進入雀屏中選的好餐廳，侍者不會先問你今天要吃什麼，而是說：「What would you like to drink？」如果你說不用了，會是有些奇怪的回答，還是你只會回答「血腥瑪莉」，那就馬上洩了底。所以，當你從Pizza店悠遊逛進居酒屋、再隱身至安和路「Campaign II」的一角，或帶著客戶自然地走進光點台北的「The 6th Avenue」，懂得如何點酒、品酒，有如紳士淑女般地完全了解餐廳禮儀的應對進退、甚至有時還勞駕調酒師或廚師出場說明，四方崇拜的目光早已聚集，如果能夠再透露每年11月的第三個周四是「薄酒萊新酒」(Beaujolais)在全球上市的日期、或是中世紀偷懶的教士誤釀出威士忌這樣的小典故，那麼，贏得關注、進階時尚名媛，何須家財萬貫？

2.品酒文化在歐美

▌ 生活習慣與國際禮儀

　　品酒文化在歐美國家是一種生活習慣、也是國際禮儀的一部分。認識酒的種類及飲用場合是一種常識，普及的程度甚至比中國人喝茶更來得生活化，一般人在家都備有一定種類的酒，包括每天要喝的酒、客人來才開的酒、重要節日才可出窖的酒。如果是宴客，前半小時的餐前酒，通常是香濃又能刺激味蕾的開胃酒，如雪莉酒、威士忌、杜松子酒、蘭姆酒、伏特加等，不想喝酒的人，才會提供薑汁水或果汁等軟性飲料，其中威士忌及伏特加也常被當成餐中酒。西餐中主要的飲品是葡萄酒，至於是紅酒或白酒，則依當日的主食決定。宴會結束前的餐後酒，則以濃醇的白蘭地、干邑、甜白酒最受歡迎。

人生重要階段的見證

　　酒同時也記錄、見證西方人的每一個重要階段人生，例如父母結婚紀念酒、新生兒紀念酒、從軍紀念酒、訂婚酒、告別單身Party，都是屬於大家記憶裡的一部分。電影《天生一對》裡離婚11年的夫妻重逢，就因為男主角還珍藏著當年結婚的紅酒，使女主角感動得淚灑酒窖，最後愛苗重燃，所以，酒藏不但是西方人記錄回憶的日記，有時候也是錦上添花、變身臨門一腳的大功臣，好事加上好酒，都能讓情愛更堅定。

　　歐洲許多餐廳甚至強調是設在年代久遠的酒窖裡，沿著嘎嘎作響的木梯下樓、踏著凹凸不平的石板地、再閃躲著木樑坐定在橡木桌前，宛如進入中世紀皇室貴族的私人宴客廳。送來的窖藏好酒，每一支都有它的典故與特別風味，聽著酒侍說故事，讓人不知如何下決定，既使下了決定，也好像是殘忍地喝掉主人的珍藏。正想恭敬品飲的同時，鄰桌的外國人已經喝完餐前酒換餐中酒，也沒看到他們吃什麼主餐又換餐後酒，原來，酒才是主角，只有把酒才能言歡話未來，用餐，不過是個社交名詞。

3.品酒文化在中國

情感的度量衡

　　酒，曾經是中國皇室貴族表現肝膽相照、贈禮表情誼的方式，也是古代詩人激發文采的催情劑，蘇東坡、李白、杜甫多有經典「酒作」，陶淵明更傳言不能一日無酒。近代飲酒文化裡，勸酒乾杯，是喜慶宴會中衡量主客誠心、或酒國英雄展現豪邁氣魄的主戲，爽闊開瓶，醉翁之意不在酒的社交方式做為創造商機的前戲，沒有酒的催化與助興，就串聯不了達陣的節奏。飲酒，曾經是某些人的工具與手段；開酒，則被某些人以為是入主上流表徵之一。

　　然而隨著新世代對工作及享樂的價值觀有了極大的改變後，賺錢之外，享受人生及自我品味的重要性更是遠勝一切。於是，時尚男女開始著重品飲文化，相約到君悅的「Ziga Ziga」或遠東的「Marco Polo」用餐為接近娛樂美味的時尚指標，「續攤」則由咖啡店轉戰至Pub或Lounge。飯店酒廊不再只是出現含著金湯匙出生的公子與公主，除了極須解壓的醫師、科技新貴、專業經理人這些夜店常客，連乖乖女秘書、道學好老師、

八股教授也都拋開枷鎖各佔沙發一隅，而幾個女生到餐廳開瓶紅酒或白酒、十幾個人到飯店Lounge調飲威士忌、伏特加，更是稀鬆平常。

個人的品味表徵

　　如今豪飲已是落後行為，爽闊開瓶、充胖子，更顯得不入流；屬於新世代的品飲文化是在視覺與味覺中享樂、宣洩緊繃的身心，堅持純飲有些單調，創意調酒才是屬於他們的飲酒文化。夜店不再是趕時髦人的專屬，也沒有性別之分，新人類的飲酒文化正進入另一種個人化品味的發芽期。

4.獨特的酒館文化

　　最早的酒館文化，不是無聊男子圍著酒保混扯、大吐失戀苦水，就是幾個男人射飛鏢打撞球；在女性的加入後，又多了單身男人遙望靚女、品頭論足乾過癮的平台。後來，夜店又發展成以各種音樂為主題的「Live Band Pub」、或以熱歌勁舞為主的「Disco Pub」，直到現在取而代之的時尚男女放電夜會及高壓上班族尋求鬆懈又具隱私的地方。

　　傳統英式高腳椅與美式靠背椅，全被慵懶的沙發文化所替代，水晶吊燈襯托著有如寶石與琥珀般誘人的酒色，微亮的嵌燈映著席上男女主角的優質。隨著日本東京腳步，吹起「Dinner-Bar」風潮，轉型的餐廳滿足品酒客喜歡入夜後的夢幻世界，毋須在大夥兒情緒最高潮時，還要遷就餐廳打烊時間催人，得另覓續攤處。但為了要滿足每一種客群的喜好，另一種展現前衛、慵懶、頹廢的夜店競爭又展開，每家竄起的夜店發揮獨有特色聚集同好；飯店級的Lounge Bar專門禮聘國外樂團遠道開現唱會，或力邀美色與實力兼具、能自彈自唱的高手駐店；有些外國人的聚集地，則吸引著喜歡中西交流的人士；

還有些店專辦主題Party，不知通關密語還進不去。以女性為主訴求的空間，則強調空間明亮、無暗處死角，安全無虞；有的還專聘業餘模特兒擔任女服務生，讓視野維持在水準之上；另設計拉長吧台，讓Bartender能照顧到每一個人，成為博感情的永續之道。當然，也有屬於特殊族群的「Gay Bar」，進入前請先打聽好，誤闖就尷尬了。

　　無論各家經營型態為何，到餐廳、飯店用餐、品酒，還是以端莊慎重的打扮為宜，如果是休閒服，以絲麻類的好質感為佳；試想，穿著一套運動服、吃法國餐、品紅酒，是不是有點走味？而自在、時尚、新潮、怪異，是Lounge Bar共同的風格，穿著中規中矩會變成店中異類，但若穿著時髦卻過於嚴謹，也顯得突兀；所以，穿著正式、心情休閒，就是最恰當的打扮。

5.男人與酒

　「酒店是男人的垃圾桶」，這句話體會最深的應該是Bartender，而事實也是如此，酒保就像一家店的公關，許多失意的男人來這裡，除了喝酒解悶，也是尋求一種認同感或被關心、被尊重的感覺，如果又和Bartender談得來，就變成了主顧客，所以，Bartender也決定了一家店的風格及客人的類型。不過，Lounge Bar風格多元個性化後，顧客群已不完全這麼頹廢喪志，有些人甚至還把這裡當成充電站呢！純粹尋求放鬆的藝術家、設計師、工程師，因為常常幾乎要連續24小時地工作，沒有所謂的下班時間，所以，當工作告一段落，就會想要盡情尋求解放，做簡單的事、看好笑的電影、聽輕鬆的音樂，窩到Lounge Bar獨飲。

　專門去看美眉的也不少，尤其是一個店的風格能把水準之上的美眉聚在一起，點瓶威士忌，既可當成掩護、又可秀穩重，一群男生還會私下開起會議，討論誰是今天的「Lounge Princess」，這樣的話題完全不用腦袋、卻又能達到放鬆目的。如果遇見心怡對象，就請Bartender送杯酒過去，也許就這麼聊了開來，比躲在電腦螢幕後的網路交友還健康許多。

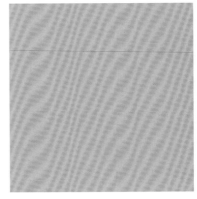

　所以，失意時，求助Bartender當談心對象、或獨飲冥想找靈感；品味到一杯好酒，也能找到滿足；談話投緣、也許找到新朋友；喝杯酒，充充電，靈感也許就這麼跑出來啦！

6.女人與酒

　　雖說「男人不壞，女人不愛」，可是，當到餐廳品酒的女生已超過6成時，是不是會變成「女人不壞，男人不愛」？到Lounge Bar的女生也會像男生那樣，尋求鬆懈、觀察人物、結交朋友，但新一代的女生，其實比較有自我主張，勇於品嘗鵝肝、松露，搭配極品紅酒白酒，享受優先、價格再談。時尚女性也因為餐廳的設計風格，曲線玲瓏的紅白酒杯、水晶杯、醒酒器、浪漫桌花、個性蠟燭等擺設所營造的好氣氛，來決定消費方式；個性沙發、水晶流蘇吊飾、鬱金香曲線酒杯及歡愉氣泡所製造的撩人浪漫，更令人非得再來杯「柯夢波丹」來融入情境。

　　新女性也重視健康及生活情趣，選擇餐廳時，希望吃精緻的養身美食、喝清淡白酒保養腸道；慶生喜歡開香檳、調酒、口感與視覺要兼具，所以，為了迎合新趨勢、及更多純女性朋友聚會的需求，業者特別把空間設計得更明亮清新，沒有暗處及死角，讓想嘗試卻害羞的女性也可以成為Lounge Bar一族。

　　新時尚女性在餐廳或Lounge Bar品飲時的話題，都以趣味及休閒為主，品酒的目的、點酒的喜好、開酒的原因也比較正面、積極，懂得生活品味及愛自己，不為買醉或逞強，已與以往「酒國女英雄」的風塵形象相去甚遠。

7.如何在短時間內成為品酒好手

先熟悉基本特性及口碑產區

　　品酒，是門大學問，歐洲設計品酒課程，包括將酒放在木箱中猜測其味道、不能直接就鼻聞，判斷前段後段味道不同的各種酒，甚至要求資深的品酒師記憶數百或數千種以上的配方，能通過考試的都是極受人敬重的品酒師，其中頂尖的專業酒師被敬重的程度，甚至超過國家元首。因為，在歐洲來說，酒是每天都要喝的，誰當總統，對出生就是為了享樂的法國人來說，真的沒有很大的關

係。國人號稱海量者比比皆是，但是真正懂得點酒、品酒的人實在很少。所以，要在許多完全外行的人中成為專家，實在太容易了。

　　由於酒的種類實在太多，還不斷推陳出新與促銷，可能上次好不容易挑到合口的，這次卻已經賣完；預先做了功課要贏得同伴崇拜的眼神，無奈酒單上就是沒有你要點的酒；業務餐會上，老闆欽點你點支好酒，蠕動的英文與法文糾結著你忐忑不安的心，更別說是複雜的產區及數不完的酒莊！想牢記每種酒，其實不是聰明的做法，不如去了解酒本身的特性，比如紅酒的年份不是越老越好、白酒不適合陳年久放、空氣天使專挑干邑與威士忌偷喝、香檳與氣泡酒等級可是差很多的，再認識幾個主流的酒類及出產地，上餐廳時依照酒標上的幾項重要資訊和酒侍討論，平常多注意新酒上市的消息、累積常識，慢慢的就可以知道每種酒的特性；了解酒的特性後，更容易推敲出什麼酒合適與哪些食物產生更良好的關係，即使是看不懂的語文，都可以說出一番偉大的典故，省掉入門，就開始進階了。

　　例如：法國「波爾多」(Bordeaux)及「勃根地」(Bourgogne)是產區保障的酒款、或來自加州的紅白酒，其品質大都不會令人失望。干邑，就是法國干邑的產地，經過至少2次以上蒸餾的珍釀，即使是入門級的「V.S.O.P」，也會有令人相當期待的甘韻；愛爾蘭威士忌的地位則無庸置疑，只要加

個冰塊，就會變得非常順口，調和可樂、綠茶，會變得超好喝；酒精含量高達40％的調酒王伏特加中瑞典「Absolut」的品質與價位，都令人信賴。

與侍者溝通習慣的味道及心情感覺

先掌握基本要訣：餐會中，不甜的酒一定比甜的酒先喝、白酒一定先於紅酒、年份早的一定先於年份新的、鵝肝鮑魚等精緻好菜一定要和干邑或XO才登對、威士忌就當做餐後配花生嚼乾果。到餐廳點酒，也別裝有錢，價錢高的可不一定是好酒，最好依照你已經具備的常識，向酒侍形容喜歡波爾多微甜的花香或勃根地偏酸的果香？如果是Lounge Bar，就可以和Bartender說明今晚的心情，是要愉悅地暢飲、還是為你調一杯揮別豬頭老闆的嗆辣之作？無論如何，貼心的酒侍會從接近的口味挑選幾種組合作建議及調製，幾次的經驗累積後，會越來越能抓到與自己契合的幾種酒類或味道。

嚴格說起來，酒不會因高低價差而有很大的不同，而是自己喝起來順不順口、喜不喜歡這樣的味道？先了解自己喜歡偏酸、偏甜或喜歡某種特殊風味的酒，再多費點心思形容，酒侍會更容易為你建議；如果是初次嘗試，則建議你點些果香味重的，接近果汁的感覺，大多都能接受。

品酒是門學問，卻不是艱深的事，只要多做嘗試，所謂的品酒家，也不過是多喝了幾種酒、早些認識這些酒品罷了。而好吃的餐廳比比皆是，但要品嘗到好酒、享受餐酒合一此等令人感動的饗宴，可得依靠值得信賴的酒侍及品飲經驗的累積，多和酒侍討論再選擇，體會酒世界蘊涵的深度，那些設有酒櫃的餐廳都有懂得推薦的酒侍，是值得探訪的寶。喝不完的烈酒都可以寄放，有些飯店級的餐廳甚至還會為你的酒加掛美麗的身份名牌，讓你的酒下榻在五星級大飯店，等候著與你的下一次愉悅相聚。

8.如何品酒

▍品酒，得優雅地、有步驟的

品酒是指酒侍開了酒後，會倒給點酒人喝的第一口酒，喝時要靜心感受、用全身的感官去品嘗的心情與動作。品酒通常有3個步驟：看、聞、嘗。

1.看：觀察酒的顏色深淺、以及清澈度。

2.聞：輕輕搖晃酒杯，細細嗅聞搖晃後瞬間傾洩的香味，以及漸次散發的多重芬芳。

3.嘗：嘴巴每個部位的味蕾不同，一定要讓酒充分散發於口中，慢慢感受酸、甜、苦、澀、甘等不同時間的漸層變化。

不過，每種酒需要去品味的深淺度不同，甚至餘味的品嘗方法也不同，有些要淺聞、有些要舌攪、有些要輕漱，每次品飲時試試一般的方式及專家的建議，就可以知道其中的差異。

另外，每種酒搭配使用的酒杯也不同，掌握小小的技巧才能品到好酒；搭配對的酒杯，也得搭配正確的酒杯握法，這可會大大地影響酒的香味與豐富性。一般而言，烈酒用「rock杯」或「boll on 矮腳杯」，用手去溫酒、讓酒香散出來，找出最適飲的時間；用「shot杯」喝伏特加，一杯飲盡；陳年紅酒要先用醒酒器醒酒、紅白酒杯也各有其專用杯來散發酒香，講究些的，連波爾多及勃根地產區的酒都有其特製的酒杯；而香檳則要用縮口長圓形鬱金香杯，才能聚集氣泡、利用曲線襯出酒的質感；干邑、威士忌等較濃烈的好酒，則要慢慢品嘗其濃醇。紅白烈酒除了要觀色，還要感受酒的特性、體會不同階段所散發出來的香味；如果是雞尾酒，則要好好欣賞精采的「裝置藝術」，以及多變的辣中帶甜、或是甜中帶酸等多變誘惑。

▌ 品酒，不一定要把酒喝下肚

　　品酒專家甚至還備有一種特殊造型設計的
進口酒杯「無情杯」，好酒劣酒一入杯內，搖
晃之間、就鼻之際，即定勝負，連完全沒有
品酒經驗的人都可以判斷出用一般酒杯與無
情杯之間的極大差異性。另外，餐前酒、餐
後酒也不能一杯喝到底，用錯了酒杯、酒香
聞不到，酒味也就大形失色。還有些人只喜
歡享受品酒過程中所感受的各種味道，並不
希望直接吞入胃，所以，品酒後將酒吐回酒
桶，也正確的品酒方式。

　　喝酒會受到酒以外本身的影響，身體不好
時、根本無法品酒，心情不好、喝了更憂
愁。喝酒更應該配合季節，酒的冷熱溫度、
酒質的料理，令人舒適的音樂、燈光、環
境，集合這許多因素能幫助正確地選擇屬於
自己、契合又心動的好酒，並繼續嘗試如何
與酒融為一體的感覺。

9.品酒禮儀

▋ 酒侍，好餐廳的靈魂與保證書

在法文中，「Sommeliers」(酒侍)是指有錢人家食品管理的負責人。常在電影上流餐廳中，看見上了年紀的酒侍領著客人進入餐桌、提供今日餐飲搭配的諮詢，可別以為這麼老了的歐吉桑還在做這麼基層的事？其實他可是維持著這家店與顧客良好互動關係的靈魂人物，像台北東區「喬凡尼」餐廳的法國伯伯、淡水「艾莉斯」餐廳的林先生，他們可都是老闆級的人物，有了資歷豐富的酒侍，才可以完全信任他們的建議，享受酒與餐最契合的搭配口感。有些講究的餐廳，酒侍會掛著如銀鈴般的項鍊，就是自信地告訴客人，你現在可是在一家擁有合格執照酒侍的餐廳用餐呢！

▋ 喝酒，別一口喝光糟蹋了好酒

點酒後，酒侍會開瓶給點酒的人試酒，試酒時的禮儀與神情，顯示著你的品味、以及對服務人員的敬重，這是社交生活不能失禮的常識。除非壞掉或變味，否則開酒後，就算和想像的風味略有差距，也是不能退酒的。除了清酒與雞尾酒，一般倒酒都是以1/4杯或1/3杯(約30～40cc)為一杯的量，主要目的是讓酒香有空間去伸展、散發出來。品酒時不論是中式、西式都不適合乾杯豪飲，美語中的「cheers」、日語裡的「甘巴地」，指的其實是「隨意」，千萬別一口飲盡、糟踏好酒。

▌品酒，器具氣氛美食，都是重要元素

　　開酒後，酒侍會暫時用酒塞(stopper)蓋住酒，有時還會先倒入水晶醒酒瓶醒酒，真正講究的品酒，小道具可是相當多而精緻呢！由於品酒時所有的器皿都要和餐廳保持一致的美感，點高級酒時，置放酒的銀籃儼然自成桌上一景，酒塞式樣也相當多變華麗，還有強調德國蔡司材質的透明輕薄優雅玻璃杯，其中奧地利「reidel」的貴族水晶，也是展現好酒的另一選擇。這就是為何即使餐廳的酒價比酒品專賣店還要貴上2倍多，但是還是喜歡到優美的情境中品味風味加倍美酒的原因了。

　　品飲時，如果酒杯裡的酒少於1/3時，酒侍就會主動來斟酒；不過美國餐飲文化比較特別，為了喝酒不過量，酒侍中途不會來斟酒，讓客人喝完酒才續斟另一杯，所以，如果已品飲到自我感覺良好時、或感到微醺，只要留一小口在杯裡，酒侍就不會再斟酒。

　　不論是無微不至的酒侍或貼心Bartender，如果你想表達對他們的謝意，一般小費的標準是100元，可以簽在帳單上、也可以放在桌上，別擔心他沒拿到，因為餐飲業都是共享制，如果你堅持要給特定的人，可以在和他(她)握手致謝時一並交付，讓對方感受你內心與實際行動的感謝。

10.飲酒健康，
健康飲酒

　　酒有殺菌作用，是最早就被發現的功效，醫學界公布，少量飲酒可促進血液循環、防止心臟病、減少膽固醇的累積；美國心臟協會也把酒列為營養劑的一種，認為適量飲酒能增加血液中的高密度脂蛋白，減少心臟冠狀動脈硬化；酒經過肝臟的代謝後，會產生熱量，是另一種「液體麵包」；適量的飲酒也可放鬆情緒，幫助睡眠。十分受歡迎的紅酒，正因為含有豐富的單寧，有益心臟疾病的預防、具有補血的營養成分；白酒含有人類必須補充、卻不容易取得的礦物質鉀，是保養腸道的聖品；伏特加、干邑有治風寒的功效，與中國人喜愛的補酒、藥酒、麻油雞等有異曲同工之妙，直接飲用不用烹調，飲用更方便；日本人認為，少量飲酒有助吸收鈣、鎂、鋅等礦物質，而且可以延年益壽。

Drinking in Style

Drinking in Style

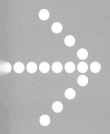

8種時尚場合必喝酒

威士忌 *Whisky*

醇 厚 尊 貴 ， 英 國 人 的 驕 傲

店　名：The 6th Avenue

受訪者：黃雯玲，Enzo Huang，「The 6th Avenue」資深經理，從事和酒相關工作經驗6年，相信會品酒的
　　　　人就會懂的品味生活。

地址：台北市中山北路二段18號2樓

電話：02-2521-6666

營業時間：11:00～02:00

Whisky

威士忌的起源

典故

　　有關威士忌的起源地，愛爾蘭及蘇格蘭各有其堅持。愛爾蘭的傳統說法是，中世紀時拜埃及鍊金術之賜，發現熔爐加入某種發酵液後會產生酒精度強烈的液體，初次蒸餾技術便是由此而來；後來傳入愛爾蘭教會中，僧侶利用閒暇釀酒，發現久藏後的酒更加香陳，於是開始以蒸溜法大量釀酒。後來亨利二世遠征至愛爾蘭時，首次品嘗到陳酒，更是讚不絕口，不但大肆搜購，回到英國後更是大力推廣。

　　蘇格蘭則聲稱，首都愛丁堡早有人以古老方法釀製威士忌，當時只是一種經過蒸餾、口感欠佳的無色液體，後來在一個當地居民以釀酒打發時間、並借酒澆愁的窮苦山區，無意間發現，將酒窖藏、變陳之後的味道更是精典，後來釀酒便成為17世紀時的鄉村工業，大家所熟知的「約翰走路」(Johnny Walker)便是蘇格蘭風靡世界的知名酒商。19世紀後，政府曾對威士忌蒸餾業課以重稅，業者為了避稅，遂入深山私釀、並以泥煤為燃料，又以雪莉酒桶做掩飾出售，這才發現，如此就地取材，反而提升了威士忌的品質，泥煤使威士忌更耐人尋味、雪莉酒桶久存使威士忌的顏色變得有如琥珀般尊貴與醇厚。

魅力

　　無論威士忌是愛爾蘭僧侶的無意發現或蘇格蘭人深山的探索，都是英國人永遠的驕傲。只是，當愛爾蘭及蘇格蘭都爭相自許為威士忌的起源地時，很明顯的，蘇格蘭才是今天威士忌的代名詞，這除了是當地主要產區濕潤清涼的氣候有助於蒸餾出獨特醇厚的威士忌外，蘇格蘭皇親貴族爭相品味為之加分，也使得蘇格蘭威士忌得以凌駕世界之冠。

　　威士忌之所以引人暇思，是其誘人的琥珀色在透明的玻璃杯中顯現其深度與尊貴，再加上醇香散發，讓人感染到不俗的氣質，啜飲其中，時常渾然忘我，進入非常輕鬆的怡然狀態，是商務社交不可或缺的品味象徵。

威士忌的製造看酒單

製造原料

　　威士忌是用大麥或穀類為原料，加入純水、以酵母發酵後，採蒸餾方式釀出40～50%酒精成分的液體、再以木桶存放。酒會因為不同的水質、空氣、氣候及木桶材質的存放等因素，產生不同的顏色與香味，即使有人能夠將蘇格蘭威士忌製造秘方帶回自己的國家、如法泡製，卻始終無法製造出相同的味道。

產地

　　目前蘇格蘭最知名的產地，根據口味特點，大致可分為4類：

斯貝河畔一帶(Speyside)：清淡卻又帶有沈靜的香氣，其中格林製酒(The Distillery)是生產頂級威士忌的地方。

高地地區(Highland)：泥煤燻香味，爽口好入喉。

低地地區(Lowland)：淡煤燻香味，不失穩重的好酒。

艾雷島(Islay)：香氣最為濃厚。

年份・包裝・酒標

　　威士忌標示的年份，是顯示被儲存在酒窖的時間。每一種酒因使用原料、製造方式略有不同，因而關係到其最佳酒藏的年份，也許是12、15、25年，所以在相同酒類中，會發現有的並沒有11、13、14、19等年份的酒。並不是每一種酒都需要長長的時間釀造才是好酒，只要經過最恰當的酒藏時間，出酒窖的都是珍品。

　　另外，多數的威士忌都是用圓型透明瓶容器，唯一用方瓶的則是國人所熟知的「約翰走路」；另一支珍藏款，是唯一使用三角瓶裝的「Glenfiddich Port Wood Finish 全系列」，通常喝「單一麥芽威士忌」(Single Malt Whisky)的忠實酒客才會懂得要特別預約。不過近年來，國人熟知的日系威士忌「山多力」也是矮身三角型，是「Man's Talk」中的催化劑。

如何看酒單點酒

在專業品酒的地方，通常提供的威士忌酒單可能有3種類別、20～40種不等的酒品。

以下是國內常見的酒單：

ITEM	PRICE/ Bottle	PRICE/ Glass
Blended Whisky 調和威士忌		
Johnnie Walker Black Label 12 Years	3,000	300
Johnnie Walker Swing 17 Years	4,500	
Johnnie Walker Gold Label 18 Years	5,500	
Johnnie Walker Premier 25 Years	6,000	
Johnnie Walker Blue Label 35 Years	7,000	
Chivas Regal 12 Years	3,000	
Chivas Revolve 1801	4,000	
Royal Salute 21 Years	5,500	
Ballantines 17 Years	4,500	
Single Malt Whisky 單一麥芽威士忌		
Glenlivet 12 Years	4,000	
Macallan 12 Years	4,500	350
Macallan 18 Years	7,000	
Macallan 25 Years	11,000	
Macallan 30 Years	17,000	
Glenmorangie Port Wood Finish	5,000	350
Glenmorangie Madeira	5,000	350
Glenmorangie 18 Years	5,500	400
Glenfiddich 15 Years	5,000	350
Glenfiddich 18 Years	5,500	400
Balvenie 15 Years	5,500	
Bowmore 17 Years	5,500	
Bourbon Whisky 波本威士忌		
Evan Williams Years	2,800	
Evan Williams Single Barre 1992	2,800	250
Jim Beam	3,000	250
Jack Daniel's	3,800	

Whisky＊Liquer 烈酒類

●由左至右分別表示酒的種類(Liquer)、單瓶的價錢(Bottle)、1杯的價位(Glass)，如果沒有單杯的價位，表示只能點單瓶。

第一類 Blended Whisky 調和威士忌

通常新入門的品酩者會先點第一類，來自舊世界綜合性酒種，有英國、法國、德國的酒藏，味道較重，調合不同大麥、裸麥及穀類所製成的，味道比較重。

第二類 Single Malt Whisky 單一麥芽威士忌

以單一麥芽(或稱為純麥芽)所製成，強調品質精純，所有的生產原料、過程及最後封裝的程序都在同一產區，才是限量上市的珍品。味道雖然也很濃烈，卻是單一的濃醇，年份在10～30年左右，是許多入門者的最愛。

第三類 Bourbon Whisky 波本威士忌

屬於新世界，來自美國肯塔基州的酒藏，多數以穀物及玉米製成，味道不那麼辛烈，適合淡口味的人。

雖然，前述酒單看來琳瑯滿目、又是一長串平常不是很熟悉的字彙，但只要了解上述酒標上的產地、年份，再配合飲食習慣，點酒就變得很簡單了。

初次學習品飲威士忌，可先檢視平常飲食習慣是否偏酸或偏辣？抽煙與否，重煙或淡煙？品酒時會抽雪茄嗎？喜歡吃什麼點心？是否要加水、加冰？如果平常的飲食習慣是喜好重口味，就要以第一類「調和威士忌」為主，年份在25～35年左右，如「Johnnie Walker Premier 25 Years」或「Johnnie Walker Blue Label 35 Years」；如果平常就抽重味煙，酒的年份也要在中上等級，例如「Johnnie Walker Gold Label 18 Years」、「Walker Premier 25 Years」、「Chivas Revolve 1801」或「Ballantines 17 Years」；抽淡煙的人選擇「波本威士忌」，就很順口。

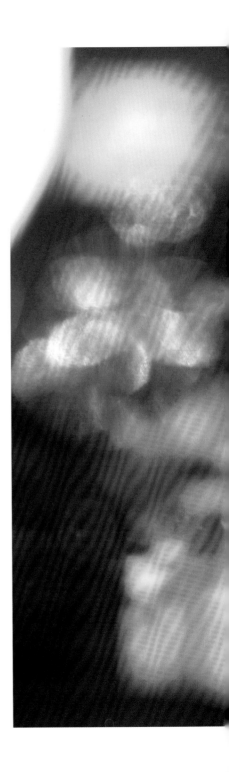

正式點杯威士忌

如何點酒‧價格

　　一般單杯2盎司的威士忌價錢在300～500元左右，與會的人如果超過4個人，建議直接開單瓶酒分喝，單瓶的價位約在3,000～5,000元。開酒前，酒侍會將你所點的酒的風味先口述一次，也許是偏巧克力香濃、還是帶有木桶的清香，待你選定後，酒侍開瓶、會將酒送來讓客人聞香，確認是否是你要的味道。等酒侍一一為客人倒好酒後，酒會放在客人視線所及的冰桶內，冰桶裡其實沒有冰，因為威士忌不需溫熱或冰藏。喝不完的酒可以直接寄放在店裏，因為好的威士忌不用特別冷或熱藏，即使擺個10年、8年也不會變壞，只是下次來喝時，你會發現酒變少了，那是因為威士忌會隨著時間慢慢蒸發，可不是酒侍偷喝了你的酒喔！

　　威士忌的酒單並沒有像葡萄酒會快速汰換，一般4個月至半年才換一次，較受歡迎的酒也會常留在酒單上。新的酒會有鼓勵試喝的促銷價，勇於嘗試的人，可以把握這樣的原則、再加上小點心，以4個人計算，每人平均消費在800～1,000元之間；喝不完的酒寄放，下次就只要配合店裡的基本消費，一個人約250元左右就可以搞定。

置身威士忌品飲現場

場所・時間・穿著禮儀

歐洲人把威士忌當做一般日常生活酒,可能是因為歐洲地區比較冷的關係,主客都可以隨時來杯烈酒、暖暖身子,沒有甜味的威士忌不會影響稍後用餐時胃的吸收能力;到了正式用餐時,則在餐廳換上紅、白葡萄類的餐中酒。而美國的威士忌通常會被當做宴會後的餐後酒,目的是以香濃重味的酒香為前面吃下許多食物的味蕾做一個整理,並為可口的晚餐劃下美好的結束;更多時候,會把它當做一般的「House Whisky」,特別是在思考或閱讀時,尋找靈感、也憑添優雅。

在台灣,很多人把威士忌當紹興般地豪飲或逼勸酒,其實同樣有「生命之水」稱號的威士忌適合聞香淺酌,否則只會糟踏了瓊漿玉露。近年來葡萄酒的品酒文化也由飯店、餐廳帶動其它酒類同好的聚會,以威士忌來說,除了飯店的酒吧及Lounge之外,也有一些專為商務人士規劃的清新Lounge Bar,會有專業酒侍教導如何入門與品味,甚至區隔出吸煙區與非吸煙區,讓想去Lounge Bar品酒的人不再為惱人的煙霧所困擾。

位在中山北路二段、前美國大使館官邸2樓的「The 6th Avenue」有著在正式與非正式之間的中庸。白天站在中山北路上,只見2層樓的白色歐風建築物、一派優閒,樓上樓下盡是貪懶在陽光下享受戶外咖啡香的生活家;入夜,當2樓的窗燈漸次亮起時,樓上與樓下又成了截然兩種味道。很多人只知它的神秘,甚至來到2樓門口還以為這看來精緻的地方是為某些特定人士而開,不敢叩門而入,其實「The 6th Avenue」正是上班族舒解壓力及學習品味的好地方。不大的室內空間、十幾個沙發座以深色皮革表現穩重品味,拉開左邊玻璃門看見可容納10~12人的「VIP Room」,極有質感的銀黑絲緞材質表現不俗,舒適得讓人想要預約下一次多人的聚會、進軍上流;專業的寄放酒櫃、控溫的雪茄盒,是許多商務人士信賴的空間。戶外區的空中花園,透過綠蔭俯瞰中山北路的人來車往,入夜後星星與夜光相伴,頗有居高臨下的虛榮,是三兩好友、情人談心的另一種選擇。通常Lounge Bar的品酒時間都在餐後約莫晚上9點開始,可以盛裝、時尚,但勿使用香水,以免影響稍後品酌的嗅覺與味覺;也可以是帶點質感的休閒風格裝扮,但絕不適合太過「casual」,因為,品酒可是一種比較正式的社交活動。

威士忌搭檔

雪茄與點心

由於威士忌本身沒有甜味，純以濃烈醇香取勝，非常適合純飲品香或做餐後酒，所以佐酒的小菜，就要有些嚼勁而有口感的小點心，如花生、杏仁等核果類，國人甚至還自創以重味滷味佐年份較久的威士忌，是老酒齡們鹹嗆夠勁的選擇。如果稍後的品酒是和雪茄做搭配，那麼威士忌的濃淡和酒的年份就要和雪茄成正比，因為雪茄多數味重、獨特，包括巧克力味、木桶味、煤炭味，酒客無法一支支去試和那種酒最適宜，故以大原則而言，建議以「調和威士忌」或「單一麥芽威士忌」做搭配。

威士忌的製造秘方非常多，有的因為取用來自山谷的軟質泉水，有的因為空氣與木桶接觸後產生獨一香味，有的則有薄荷的甜味，即使是「Jornnie Walker Gold Label 18 Years」有著若有似無的阿摩尼亞味，仍有逐臭之夫忠誠擁戴，其實那正是泥煤所產生的煙薰味。所以，無論是那種味道，都是製酒師開發的秘方，對品酒的人來說，只要是你喜歡的味道，都是好酒。一般來說，台灣人喜歡較重口味的酒、日本人喜歡淡香、歐美人則喜歡抽雪茄佐「單一麥芽威士忌」，如果你在 Lounge Bar 看見有人將整間吸煙室弄成了鴉片館，八成都是歐美人士。

如何品嚐威士忌

品飲威士忌的基本工具

純　　　　　杯	shot（意一杯飲盡之快）
加水或加冰之大杯	有紋路的叫「Old Fashion」
高筒冰杯與水杯	

　　多數酒中豪傑喜歡以純杯飲純酒、品其濃醇，如果使用威士忌大杯，喝時先放冰塊、再倒酒，酒淹至一半的冰塊，約莫2盎司，亦即威士忌酒杯1/4杯即可；有些更專業的品酒會為免冰塊溶得太快，會請廚師將冰塊處理成多角型之「角塊」，減緩冰塊融化的速度，以免影響酒與冰的最佳醇度。如果想要有冰涼的口感，又不想太濃烈，那麼酒加冰加水的比例則為1：1：1。

怎麼喝

　　不論是威士忌寬杯或純杯，品酒時都要用手握住杯身，威士忌會因手溫使香味略有改變。喝時先欣賞一下酒的顏色，通常以金黃琥珀色為上品，手握住杯身下半部、再將杯身半傾斜地靠近鼻子聞聞看是木香、薰香，還是其它淡雅的說不上來的味道。品酪時以小口輕啜為宜，先含在口中搖晃一下，讓威士忌的酒香由嘴巴的四周開始擴散，吞下的一剎那通體舒暢、產生一股激情的熱能，好像不舒服的感冒一下子就痊癒了。別看小小一杯2盎司的酒，正常的品酒聊天要花1個半到2個小時才能喝完，社交友誼或業務就是這麼慢慢加溫的，絕對不能、也不宜乾杯。

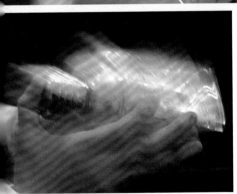

另類喝法

可樂‧檸檬‧綠茶

　　酒的文化隨著新世界的加入，濃烈度逐漸較低，酒性較偏淡，是新人類較喜愛的品項，再加上年輕人喜歡嘗試調酒，各式創意突破性的喝法屢見不鮮。除了歐美酒客會加蘇打水或薑汁外，國外年輕人喜愛以威士忌加可樂、加檸檬或兩樣都調和；兌酒時通常以雞尾酒的方式為基準，以2盎司的威士忌為底，如果是可樂就加到8分滿，檸檬則隨個人喜愛的酸度調加；香港一些藝人特別喜歡加綠茶，聽說多了一點對味的甜，會因為越喝越順口，一不小心反而比純飲更容易醉。

白酒

White Wine

酸 甜 清 新 的 初 次 邂 逅

店　名：Sonoma Grill

受訪者：林淑明，大同亞瑟頓董事長。25年以上品酒經驗，西元1996年在台灣成立大同亞瑟頓專業葡萄酒
　　　　公司，進口優質美國加州酒、法國波爾多及勃根地葡萄酒，目前在台灣經營復北、天母及高雄三
　　　　家門市，時常舉辦葡萄酒教室、品酒會，每年並定期親訪法國波爾多及勃根地百餘家頂級酒莊，
　　　　品嘗數千款珍釀美酒、精心挑選並引進物超所值的好酒，希望能將品酒藝術紮根於台灣。

地　址：台北市林森北路600號(台北國華大飯店1樓)

電　話：02-2598-5168

營業時間：11:00～14:30，17:30～22:30

White Wine

白酒的起源

典故

　　白葡萄酒即現今簡稱的白酒，紅白葡萄酒的起源本是一家，但是白酒革命卻遲至西元1960年釀造器具被更普遍使用後，才又有了白酒的釀造。有心研究者發現，以去皮的葡萄去發酵，可釀造出清新水果風味、品質更清澈、口感更誘人的白酒，至此白酒才漸受歡迎，如今白酒的消費量佔歐美葡萄酒總銷量的一半之多。

　　白酒無論以壓榨沈澱、或是用去了皮的葡萄發酵釀製，基本的味道都是酸的，但隨著成熟度的增加，酸味會變柔和，所以，從不甜到極甜的白酒是以酸度來平衡所要釀製的味道，成品的酒精含量和紅酒相同，約在12～14%左右。

魅力

　　雖然紅酒因其醇厚而有保健功效，成了近年來最受歡迎的飲品，但是喜愛白酒的人卻認為，從清新到蜜甜、從淡香到濃郁，這纖細微妙的變化，只在豐富的白酒世界裡才得見其深度，是最值得再三品味的飲品。而一天都離不開酒的法國人，年少初飲就是從清新的白酒開始，甚至愛酒的老饕們到最後最鍾愛的酒，可能又會回到口味豐富、複雜美麗的最初，由此可見白酒是品酒的重要基礎教育呢！

　　很早就領導白酒品牌的德國，在18世紀時曾以白葡萄釀的酒送給俄國公爵，公爵品嘗後讚嘆不已，並立即再大量訂購送至俄國，說明了可遇不可求的好酒是最佳的社交橋樑。美國在西元1970年之前將紅白酒定位為上流人飲品，後來因為年輕人逐漸喜歡這樣的軟性飲料，於是便引進了歐洲葡萄品種大量種植，之後加州「Napa Valley」的「1973 Montelena Chardonnay」(蒙特雷娜酒廠夏多內白酒)在「世界巴黎參與盲飲比賽」中(矇著眼睛品酒)，贏得品酒家一致的肯定，獲得世界冠軍，顯示出「Napa Valley」產出的高級酒潛力值得期待，更掀起一窩蜂葡萄酒廠投資的風潮，許多小酒廠釀的酒也創出了極高的銷售單價，此後加州葡萄酒的地位開始被肯定。目前加州葡萄酒成為全世界精緻典雅的代表，中、高層級的酒品也因技術日漸純熟，早已和勃根地與波爾多相提並論。

　　據說美國紐約十分具代表性的餐館負責人也曾以萬元美金天價蒐購陳年白酒，並且只提供給各國元首貴賓，由此可知，經營金字塔端的客群，有其特殊訣竅。

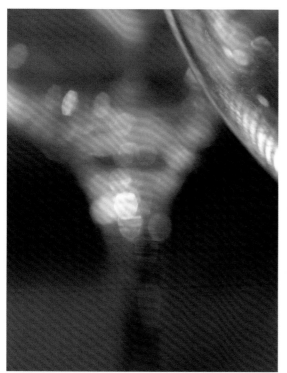

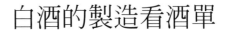

白酒的製造看酒單

製造原料

　　白酒的製造方式不同於紅酒將葡萄絞碎、去皮後榨汁，而是用成熟、具金黃或淡綠色的白葡萄為原料，經過壓榨、去梗、榨汁之後，原汁放在桶中靜待葡萄皮、沈澱物完全澄清後才能進行發酵，最後加入酵母將葡萄釀轉化成酒精，成為白葡萄酒。完成後的酒汁幾乎完全透明無色，卻一樣具有果香及新鮮酸味，殘留的口感則比較不會有紅酒的澀味、而有明顯的柔酸味；如果採取晚收成、或將葡萄摘下後先置於麥桿下日曬或置於暖室內，使水分蒸發、提高含糖分，則可釀成帶甜的「甜白酒」。

　　一般白酒釀製時間約為1年，即可上市；而品質較好的白酒，則須在15度下窖藏5～10年後再喝，才能顯出它豐富的個性與風格。不過，由於白酒具有鮮嫩清爽的特性，與紅酒酒藏後會變醇的性格不同，因此裝瓶出廠後，並不需要長期的適溫儲存與陳年。

　　白酒開瓶後與紅酒一樣，皆應早些喝完，否則會喪失原有風味；如果要收藏嬌嫩的白酒，也一定要放在有控溫的酒櫃或酒窖。目前比較有規模的專業酒商還提供長期葡萄酒鎖櫃出租，如大同亞瑟頓，月租500元還供不應求呢！

產地

　　全世界最聞名的白酒產區首推法國以及德國。法國勃根地因氣候寒冷、加上恐龍時代留下來的特殊白土貝殼石灰質，土壤貧脊、排水性佳，其地理水文具有極微妙的差異，使得葡萄根只能向深處發展、葡萄藤才得以存活，反而栽種出變化豐富、風格獨特內斂的葡萄。絕大多數勃根地的白酒都是用「夏多內白葡萄」(Chardonnay)釀製而成，口感豐富、變化多端，有堅果、杏子、梨、桃、柑

橘、檸檬、礦石等複雜多重的果味，素有「白葡萄之王」的美譽；波爾多也出產白酒，主要是用「Sauvignon Blanc」及「Semillon」葡萄釀製。「Sauvignon Blanc」具有濃郁的煙燻香味和單寧的酸氣，再加上正統的金黃酒色澤，是典型而具有深度的白酒。而德國及法國的亞爾薩斯與盧瓦河，則採「蕾絲寧」(Riesling)、「Pinot Gris」及「葛伏爾次查米爾」(Gewürztraminer)等主要白葡萄品種釀製，做出不甜的白酒款式，與「夏多內」白酒比較，是比較清新、易入門、簡單的口感。

另外，德、法邊界的莫薩爾河谷地(Mosel)、及萊茵河流域(Rhein River)也是德國的白葡萄主要產區，尤其是萊茵河流域，白天吸收飽足陽光、夜晚產生的霧氣則會將葡萄園包起來，再加上氣溫驟降帶來的濃霧，更促進葡萄菌類貴腐霉滋長，釀造出風味多層次而高雅的甜白酒，主要品種「蕾絲寧」(Riesling)的極品「T.B.A」(Troken Beeren Auslese)，濃郁中帶有些許蜂蜜香甜或橡木、天竺葵等多重風格，是德國高品質的白酒。相較法國或加州的「夏多內」白酒，德國不甜的白酒口味淡雅，風味接近水果的清香、花卉的幽香，是入門者或搭配前菜很好的開始。

美國白酒則以加州及華盛頓州為2個最主要的產區，加州又因夏天陽光普照、使葡萄樹加速成長，加上太平洋海岸又有長時間低溫的調適，得天獨厚的氣候條件使得加州白酒果實香甜濃郁，主要的葡萄品種有「夏多內」(Chardonnay)、「葛伏爾次查米爾」(Gewürztraminer)及「蕾絲寧」(Riesling)。

另外，釀酒技術悠久、又勇於創新的義大利，其求新求變的豐富趣味性，也是漸漸在白酒世界嶄露頭角的原因。大家熟知的托斯卡尼，就是出產新式清爽白酒的故鄉；澳州及智利則是新世界的後起之秀，風格像新鮮水果般清新，是比較大眾化的軟性飲品。

年份‧包裝‧酒標

　　白酒的等級，依國情不同有四或五級之分，但因為每年都有變動，所以並不建議大家以級數為品酒依據。入門者可先參考幾個主要的產區，從年輕的年份開始做為品嘗的開始。

　　如果以瓶身判斷，莫薩爾河流域的酒瓶多是茶色、高頸，波爾多也是茶色但為斜肩，比較清淡的加州及德國萊茵河區，都是綠色、窄肩、瘦長綠瓶，讀者可從瓶身先找到偏好的酒款，再從酒標做二次確認。

　　好的酒如果是來自非常受人推崇的酒廠所製造，價值又更上一層，例如勃根地生產的一款頂級酒「夢拉榭」(Le Montrachet)，一上市就有10,000元的實力；若是知名酒廠所製造出廠如「DRC」、「Coche-Dury」或「Zind-Humbrecht」等，身價更高。所以，酒除了讓人品味鑑賞陶醉外，珍藏一瓶好酒，更是品味家尋尋覓覓、樂此不疲的原因。

如何看酒單點酒

以下是國內常見的酒單：

（葡萄酒酒單更換速度快，下列酒單供操作說明）

White Wine

ITEM	QTY	PRICE/BOT
France		
2001 Blanc de Lynch Bages, Paulliac 01'	375ml	2,000
2001 Muscat De Rivesaltes, Cazes 01'	375ml	1,000
2001 Bourgogne Blanc, Paul Pernot		2,000
Meursault Albert Grivault		1,550
America		
2002 Gewürztraminer Thomas Fogarty		1,500
Chardonnay, Robert Mondavi		1,800
1999 Chardonnay Thomas Fogarty		2,000
Germany		
Keller Dalsheimer Hubacker Riesling Kabinet 01'	750ml	1,800
Keller Mosheimer Silberberg Rieslaner Spatless 00'	750ml	2,400
Dr.Loosen Bernkasteler Lay Riesling Kabinet	750ml	1,800
Italy		
Avignonest Bianco di Toscana 01'	750ml	1,500
Chile		
Sauvignon Blanc Montes03'		1,800
House White Wine	by glass	280

用餐前如想先品酒，建議以清淡口感、辛辣不甜、微酸的白酒開始，不但清爽了口腔，也為前菜做了開胃。初學者可向酒侍表達自己平日偏好甜或酸的順口味道，如果已入門或直接點做餐中酒，就可以選擇風味較濃郁多重的，以搭配較隆重的主菜。

第一類　法國釀

來自法國波爾多「Blanc de Lynch Bages」的「白蘇維翁」(Sauvignon Blanc)，是比較圓潤的口感，果香濃、透露出豐厚的脂感，稠密度高、層次多。而勃根地區「Paul Pernot」所釀製的「Bourgogne」區域白酒，雖然也經過橡木桶陳年，但依然感受得到青草清香，混合了水蜜桃和橘子的果香，濃醇芳香兼具，是一款令人十分滿足的餐中酒。

第二類　美國釀

第一瓶來自美國的加州酒「Thomas Fogarty」釀製的「葛伏爾次查米爾」(Gewürztraminer)，純飲、或搭配中國菜都很適宜，濃郁口感中釋放出蜂蜜、果香及天然礦物等不同層次的豐富味道，相當耐人尋味。值得一提的是，「Thomas Fogarty」酒廠的創始人是美國心臟科醫師，為了實現自己的理想，他尋求到了極佳的葡萄園，園中葡萄白天時充分吸收陽光、發熱膨脹，夜晚則在霧中冷縮，蘊育了果香、蜂蜜、豐富礦物質，是多彩多姿、適合搭配做工繁複功夫菜的好酒。

第三類　德國釀

來自德國的「蕾絲寧」(Riesling)多為不甜的白酒，味道淡雅輕柔，風味則接近水果清香、花卉幽香，是入門者或搭配前菜很好的開始。如果是偏甜的果香、含著蜂蜜的甘醇，酸度及糖量就會略高。

第四、五類　義大利‧智利釀

是舊世界義大利及新世界智利的代表，是另一種濃醇及清新的代表作，可多做嘗試，必能有所想像、並選擇到心中最愛。

○ ○ ● ○

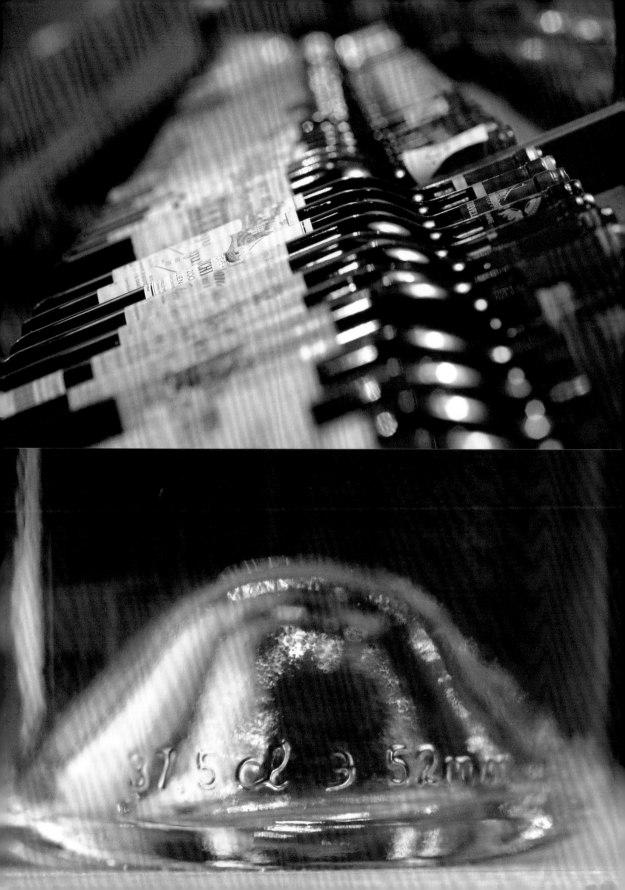

置身白酒品飲現場

場所・時間・穿著禮儀

　　白酒雖然是很西方的酒，但其實它清爽的口感很適合東方的菜餚；有些餐廳甚至將東西方的飲食精神巧妙地融合在一起，無論紅白酒都各有所屬。以專業牛排館及鐵板燒複合式經營的「Sonoma帝國牛排館」，就是從這樣的概念出發，以鐵板燒的料理特質，在硬體上將鐵板燒檯與寬敞的開放式廚房合併運用，創造出各式豐富精采的歐風美食，不論生蠔或牛排，全在鐵板上將最新鮮的食材完美精采地呈現出來，真正感受到優雅的「食」尚美學，並領略新一代鐵板燒的吃法。少有的頂級「USDA Prime」牛排，搭配耐熱度高達華氏2,400度的超級烤箱，造就出22盎司、全台最有份量的燒烤牛肉。另外，新鮮的「多利魚排」(John Dory)以高溫快煎、配上主廚鄧師傅的獨家「Fusion」醬料，搭配紅白酒享用，堪稱人間難得美味，是品味高級西洋料理的好去處。開放式廚房的設計，不但兼顧傳統鐵板燒餐廳中客人與廚師間高度互動的優點，同時提供了「融合式」餐飲潮流裡的多元化特質。

　　白酒也常出現在家庭聚會或正式宴會席上，如有紅白酒，一定會擺2種不同的酒杯。白酒通常比紅酒的酒杯略小，主要是為留住酒的香氣，賓客可由杯子大小做判斷，不致困擾。如果到餐廳用餐，白酒是屬於開胃的餐前酒，如果餐中酒有其他品飲，則要等侍者換杯，千萬不可以相同的酒杯繼續喝紅酒，否則風味就會整個被擾亂了。

白酒搭檔

清爽料理

　　白酒配白肉，是大家所熟悉的通則。白肉是指烹調後顏色呈淡色的海鮮、貝類或雞肉等，不過多數的清爽白酒其實很適合東方的菜餚，尤其是台灣的魚蝦海鮮、各式雞肉料理，特別是白斬雞、蔥油雞，甚至是鹽水雞。因白酒與食物酸鹼中和後，不但促進唾液分泌、打開味蕾，清爽的口感更烘托出珍饈的美味、完全顛覆中菜的油膩，葡萄酒簡直成了天然的醬汁。

　　酸而不甜的德國酒，較適合搭配前菜及清淡的食物；而勃根地酒較濃稠，適合起司鮮奶油烹調的魚、貝類，和蒸、煎的菜餚，如清炒蝦仁、清蒸鱘；而口感層次較豐富的白酒，則可搭配紅燒或醃滷的食物，加州代表性品種「葛伏爾次查米爾」(Gewürztraminer)，酒性溫順，最適搭配日本料理；甜白酒則多在用餐後與甜點搭配。

如何品嘗白酒

怎麼欣賞

　　白酒的品飲方式，一樣做觀色、聞香、啜飲，若要感受其香味，可以在口內輕漱、或嚼推吞、或從牙齒漱吞，不同的方法所品嘗到的香氣，是不同而多重的。

　　葡萄酒類的瓶底都有一個山形凸起的設計，目的是為了過濾雜質，這樣的設計在清澈的白酒裡又更容易優劣立見。白酒的顏色從水色帶微黃、到金黃色等多種層次，新鮮淺齡的白酒應呈現清澈的黃、或帶些淡綠；酒陳之後，慢慢地變成麥稈色或金黃色，隨著時間的成熟，會變成具有深度的顏色，包括愉悅的淡黃、青春的金黃，每種色澤都帶給人不同、且很正面的感覺，難怪有「喜歡品飲白酒的人都很樂觀」一說。

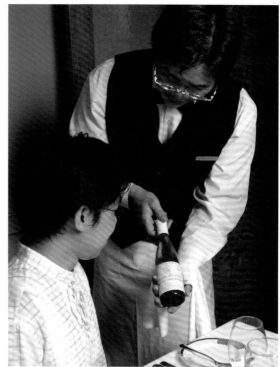

怎麼喝

　　白酒的香味會隨著陳年轉變，新酒有時覺得比較香，但是陳酒似有若無的多重香味，更令人著迷。其實，決定是否為陳酒的最後關鍵，是在口中留香的時間，據說如果能持續到20秒，就是一瓶能完全秀出它自己深度的酒。白酒的適飲溫度在10～12度，但是甜味較強的葡萄酒，適溫要低一點；而甜味低的白酒，其適溫要高一點，通常高低差在2～3度最適宜；如果要維持原味，白酒應該在開酒前先放在冰桶15～20分鐘、也不能過冰，否則會失去香味、喝到酸澀閉塞的口感。用餐過程裡，冰桶中的冰塊約桶內2/3高處，切記絕對不能為快速達到冰藏目的而放入冷凍、或直接加冰塊在酒杯內，會因此破壞酒的組織、或喝到一杯無味的水酒。

　　比較講究的餐廳所提供的白酒，杯子要先冰過、而且酒瓶置入冰桶後也不會忘了；若酒已經很冰了，就要移開冰桶，讓酒回溫到理想的溫度。酒量以杯子的1/3最適宜，杯子越薄越好，目前奧地利「Riedel」品牌流線型的設計，最能襯托出每種酒的特色，最受品酒人士肯定。

另類喝法

調酒・入菜

　　白酒的清爽與酸甜，相當適合做為開胃酒，許多人會把富有水果風味的水蜜桃利口酒或黑醋粟利口酒拿來調酒，濃厚的果香都能令人胃口大開；美國人怕胖，酒商為了胖子的需求，除了把甜分減低，甚至還加重澀、苦、酸的比例，據說有減肥效果。而將馬鈴薯、洋蔥、紅蘿蔔、香菇與白酒燴煮的美式烹調，也會使食物變得更加滑嫩。白酒中的酸味可以去腥、增加清爽的口感，將檸檬滴在魚上提味，會讓人食慾大增；喝剩的白酒，還可以加入雞湯及生紅蔥末、慢煮收乾，做出很好的白酒醬汁佐肉。白酒也是許多人夏天的優先選擇，法國人最喜歡帶白酒去野餐，品飲起來，能為夏日中帶來舒暢的清涼感！

Champagne

香檳

Champagne

令 人 愉 悅 的 金 黃 色 氣 泡

店　名：Champagne II

受訪者：李繼強，Jackier曾任職於西華及華國飯店有15年專業經驗，著有《健康凍飲》及《雞尾酒》兩本作品，也是少數喝酒不抽煙的Bartender。

地　址：台北市大安區安和路二段169號

電　話：02-6638-1880

營業時間：周日～周四19:00～02:30，周五、六19:00～03:30

Champagne

香檳的起源

典故

　　大家所熟悉的香檳傳奇，是在17世紀時由法國奧特維雷(Hauteviller)修道院中貝利農教士(Dom Perignon)所發現，但也有資料佐證，香檳釀造的過程應該是慢慢被發現的，而不是一夕之間被發明出來。因為法國北方葡萄的收成時間是在8月中至9月初，等到9月中氣候變得更冷，使得酵母不易發酵，會讓葡萄酒變成靜態，直到隔年春天，葡萄酒才會又再度發酵為另一種氣泡酒。也有另一則傳說是，一個製酒廠因封瓶的臘已用完，臨時改用糖封，致使品質中帶有汽泡的酒被認為劣酒，結果遭到退貨。

　　無論哪一種傳言屬實，結果都是：大家把隔年發酵及被退回來的酒全喝掉了。而且，因為氣泡湧現所產生的視覺與口感的跳動，造成一種愉悅而快樂的飲酒氣氛，後來許多人也爭相仿製相同的汽泡酒。香檳酒原來稱為「Bubble Wine」(氣泡酒)，後來，原產地的香檳區為了要正名，遂向農會申請專利，凡是由香檳區出產的才叫香檳酒，其它地方所生產的都只能叫氣泡酒。

魅力

　　喝酒會因為環境氣氛、身體狀況、心情好壞，產生了好壞酒的感覺，但唯有喝香檳，會使心情不好的人變好、心情好的人變得更high，英國首相邱吉爾說過：「在我生命中，不論意氣風發或困頓之際，都不能沒有香檳」，可見香檳是多麼重要。品飲香檳，從晶瑩高雅的酒杯、貴族金黃酒色、上升聚集的氣泡，都不斷帶動起希望、興奮的情緒，故香檳又有「希望之酒」的稱號。而香檳也是慶祝酒會上的熱場要角，開瓶時所發出的脆響聲及不斷湧出的泡沫，總是能立即將宴會的氣氛帶入最高潮、並營造出一片歡樂的情境；香檳同時也是美國除夕夜一定要喝的餐前酒，由此可見香檳儼然是團圓喜慶、重要宴會的精神指標！

香檳的製造看酒單

製造原料

　　香檳也是由葡萄所釀造出來的高酸度氣泡酒。氣泡酒和葡萄酒製造方式最大的不同，在於香檳在第一次發酵前、進入調配時，就要決定3種法定葡萄原料的比例及年份，他們分別是「Pinot Meunier」(比諾羅瓦紅葡萄)、「Chardonnay」(夏多內白葡萄)，和「Pinot Noir」(黑比諾紅葡萄)。香檳雖然以紅白葡萄葡萄混和去釀造，但是使用紅葡萄時，只有擠出葡萄汁，並沒有連葡萄皮一起發酵，所以，香檳的成品看起來可以說和一般的白酒沒有兩樣。

　　香檳在加入發酵劑後，進入第二次發酵時所產生的二氧化碳，將會再產生化學作用，使得氣泡在長時間內不斷上昇，此時酒瓶須平擺、存放約半年，在此發酵期間每一瓶都要固定翻轉，以避免酵母或沈澱物黏住瓶壁；上市前6個月改倒插，每天還要由專業酒師旋轉1/8圈，慢慢地將死掉的酵母集中在瓶口，最後再急速冷凍、開瓶、迅速取出沈澱物，並補進損耗的酒與糖再封瓶。通常新酒一年半可出廠，有些聞名的酒廠，葡萄產區是在高峻的山坡地，大約只有一個操場大，也不是每年葡萄都可以收成，再加上出窖可能需要3～6年的時間，才能產出香檳族一瓶難求的稀有好酒。

產地

目前香檳的主要產區，是在北部漢斯山區(Montagne de Reimd)、馬恩河谷(Valleede de la Marne)，以及白丘(Cote des Blancs)3個地區，而主要生產的城市分別是愛伊(AY)、倫斯(Reims)、伊帕勒(Epernay)，這3個地方是主要栽種製造香檳的葡萄產區。

年份‧包裝‧酒標

在國外，香檳酒依含糖分，分成六個級數，包括：

1. Extra Dry	(1%)	很不甜
2. Burt	(1.5%)	不甜
3. Extra-Sec	(2%)	稍甜
4. sec	(2%-5%)	略甜
5. Demi-sec	(4%-6%)	甜
6. Doux	(8%-10%)	很甜

數字代表的是酒的含糖量，通常在香檳的基本款中，糖分越高、價錢越低，而最高等級的香檳幾乎是完全沒有糖分，所以，和一般酒基本款的衡量方式是不同的。上述的資料是提供給消費者的國際常識或出差、旅遊時參考，因為，在國內限於進口管道的關係，香檳的年份只有4個等級，分別是：

＊無年份 (N.V)

不是指不好的香檳，而是多數香檳的品牌代表作，由不同年份、不同產區的香檳所混製。

＊有年份 (Vintage)

指該年份特別好、釀製時無添加其它年份。

＊豪華級 (Prestige)

一定是品質聲望兼具的香檳。

＊粉紅香檳(Rose Vintage)

可能是無年份或是有年份，也可能是豪華級的。

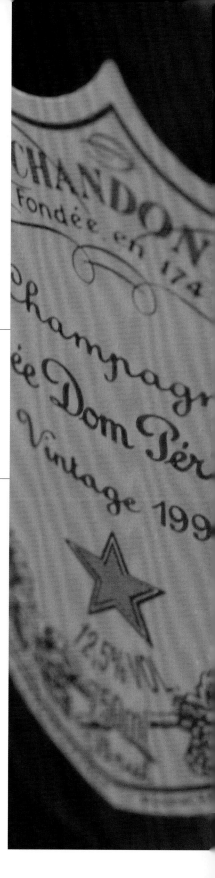

而在甜度的部份也只有不甜(Brut)與甜(Demi-sec)兩種選擇。

　　雖然,只有法國香檳區所生產的才能叫香檳酒,但是,其它地區也同樣有生產,只是標示不同。除了年份及糖分含量的識別外,通常在亞爾薩斯所釀製的氣泡酒都稱為「Cremant」,釀造法大致和香檳相同,只是釀造時間縮短為9個月,加州及澳洲則直接叫「Sparking Wine」、德國叫「Sekt」、義大利叫「Spumante」、西班牙叫「Cava」,其它的都叫「汽泡酒」,所以,從酒標判別產地,就可以想像其風味取向,再考慮甜分、年份、價位。

　　香檳除了等級不同外,包裝也是收藏級的價差重點,例如已屬於收藏級的「Louis Roederer Brut Cristal 1962」,是在18世紀法國國王送俄皇的貢品,當年是以水晶瓶盛裝,這支經典名酒由於品質管控良好,連沈澱的凹槽都不做設計,可見其自信;一直到現在,這支酒雖已改成玻璃瓶裝,但其玻璃透明度高、酒細緻、色清澈,味濃郁、餘味久,仍然是香檳王中之王,行家得先預約才能一品芳澤,目前也是「Champagne Bar」珍貴的收藏。

如何看酒單點酒

以下是國內常見的酒單：

ITEM	QTY	PRICE/BTL
Veuve Cliquot Yellow Lable "Brut" N.V	750ml	2,600
Veuve Cliquot Yellow Lable "Brut "N.V	375ml	1,450
Veuve Cliquot "Demi-Sec"N.V	750ml	2,900
Veuve Cliquot Vintage Reserver1995/6	750ml	2,600
Veuve Cliquot "Rich Reserve 1995/6	750ml	2,600
Veuve Cliquot "Rose Reserve"1996	750ml	2,600
Veuve Cliquot "La Grande Dame	750ml	2,600
Veuve Cliquot "La Grande Dame"Rose 88'/95'	750ml	2,600
Krug Grande Cuvee N.V	750ml	5,600
Krug Grande Cuvee N.V	375ml	3,200
Krug Grande Cuvee Vintage 1985	750ml	15,000
Krug Grande Cuvee Vintage 1988	750ml	12,000
Krug Grande Cuvee Vintage 1989	750ml	12,000
Krug Rose N.V	750ml	13,000
Krug Clos du Mesnil1990	750ml	21,600
Taittinger Brut Reserve N.V	750ml	2,400
Taittinger Brut Prestige Rose N.V	750ml	2,900
Taittinger Comte de Champangne Rose 96'	750ml	5,600
Taittinger Comte de Champangne Blace de Blace1995	750ml	2,400
Moët & Chondon Brut N.V	750ml	2,200
Moët & Chondon Burt N.V	375ml	1,450
Moët & Chondon Nectar Imperial N.V	750ml	2,900
Moët & Chondon Brut 93'/96'	750ml	3,000
Moët & Chondon Brut Rose N.V	750ml	2,900
Moët & Chondon Rose Vintage 93'/96'	750ml	2,200
粉紅香檳王		
Dom Perignon Vintage 1959	750ml	26,000
Dom Perignon Vintage 1962	750ml	20,500
Dom Perignon Vintage 1973	750ml	18,500
Dom Perignon Vintage 1980	750ml	12,500
Dom Perignon Vintage 1985	750ml	11,500
Dom Perignon Vintage 1988	750ml	10,800
Dom Perignon Vintage 1990	750ml	6,200
Dom Perignon Vintage 1993	750ml	5,200
Dom Perignon Vintage 1995	750ml	5,200
Dom Perignon Vintage Rose 92'/93'	750ml	12,500

第一類 Veuve Clicquot

這個酒廠是法國最好的酒廠之一。值得一提的是「Veuve」這個字,是寡婦的意思。當初法國都是男性在釀酒,不料,這個酒莊的男主人因病早逝,不到30歲便守寡的女主人Clicquot只好忍痛接下遺志。釀酒工作不僅專業而且相當辛苦,女主人不但克服了體能的弱勢,更有青出於藍勝於藍之勢,將香檳酒的殘渣倒插、集中瓶口,釀造出更清澈的香檳,她午夜深思的奇想,為香檳進化跨出重要的一大步,直到現在,老品牌的酒廠還是用這個傳統方法釀造。

「Veuve Clicquot」所釀製的酒,口感多變化、餘韻持久,受到大家的尊重,所以凡是由「Veuve Clicquot」所出廠的酒,又有「法國貴婦」之稱。

第二類 Krug

以傳統手工、陳年技巧及少量出產為名,最典型的代表作就是沒有年份的「Krug Grande Cuvee」,它使用50種來自20~50種不同產區、不同年份的葡萄去調配,並陳放5~7年才出廠,每款都有其獨特風味,隱約飄散的誘人果香正是令人繼續品味及忠誠的主因,這就是前面提到沒有年份卻也常有酒中經典之作的酒。

而粉紅香檳「Krug Rose N.V」是在90年才推出的新作,強調色澤、口感、芳香兼具的柔順口感,再加上相當精緻的鮭魚色,是適合重要宴會的慶祝酒。

第三類 Taittinger

雖然只有60餘年的酒史,但英國作家曾說:「它不是那麼有名,卻是最好的香檳」,主要是它使用較高比率的夏多內葡萄,產生了似有若無的烤土司及香草芳香,讓人十分著迷。它的粉紅香檳質地也相當柔細,有年份的「Taittinger Comte de Champange Rose 96'」正是它的代表作,粉紅香檳的價位更是非常恰當。

第四類 Moët & Chondon

中文翻譯為「酩悅香檳」,為世界最大酒廠,也是法國人最喜歡的酒廠,這是因為它的味道清新中庸,最合多數人的口味;另外,由於它是資深釀酒廠、市場佔有率又高,即使價格2,000餘元,依然是初品粉紅香檳者不錯的選擇,也是難得質量兼具的酒品。

第五類 Dom Perignon

前面提到，有年份的香檳其實比沒有年份的香檳更能反映該酒廠的特色，也更常是酒單中的極品。雖然國內的香檳中第一級是無年份，但也都算是容易尋得的好酒，例如酒單上第五類是來自法國暢銷香檳酒、屬於香檳王系的「Dom Perignon」，這個酒系在上市之前至少已陳年6～8年，所以無論哪一個年份，其實都有品質保證，加上口感清新，在國內接受程度也很高。

無氣泡香檳 Still Wine

香檳也有一種「無汽泡葡萄酒」(Still Wine)，雖不太流行，但也是正統香檳。倒是法國人對有些地區打入汽水用之碳酸汽最為鄙視，酒客可別以為在超市300元就可以買到的汽酒就是香檳。

正式點杯香檳

如何點酒‧價格

　　從以上的酒單中，你會發現其中並沒有提供單點單杯，這是因為香檳開瓶之後，最好在6小時內喝完。所以，首先你得在甜與不甜的香檳口味裡做一個選擇，接下來再決定你喜歡的廠牌、口味，再根據前述所提3種基本香檳酒的品種，選擇出最適合自己的酒。其中「Pinot Meunier」含量高，通常口味重、果香濃；「Chardonny」則帶有濃濃的蜂蜜甜，「Pinot Noir」 總是可以聞到不同層次的乾果味。

　　香檳的單瓶容量從「375ml」～「750ml」，酒精含量雖低，喝多了也會醉，所以如果只有1、2個人，可以開一瓶「375ml B」容量；酒量不錯的2～4人聚會，暢飲一瓶入門級無年份「N.V 750ml」容量，就可以培養出相當愉悅的暢快感，再搭配幾碟起士、燻鮭魚，每個人平均消費在600～800元左右。目前只有極少數飯店有提供單杯服務，1杯「120ml」的容量，約250～370元左右。以前法國航空公司的頭等艙有提供「Split 187ml」香檳，是以瓶蓋式包裝，轉開即可飲用。

置身香檳品飲現場

場所‧時間‧穿著禮儀

香檳是一種隨時隨地都可飲用的飲品，出席慶祝酒會自然是極盡隆重，但如果在飯店酒吧也要不失莊重，倒可來這輕鬆又自在的Lounge Bar。不過，雖沒有特別規定，在向來是品酒又品人的地方，「時尚」自然還是不成文的規定。

位在安和路上的「Champagne I」成立之初，原即認為屬於中性飲品的香檳應該會受到較多女性朋友的喜愛，特別打破Lounge Bar慣有的黑黑暗暗格局，以清新安全、一目了然的室內空間，保障女性朋友上夜店的安全，沒想到男性也常常來卡位，「Champagne I」遂於鄰近區域再成立「Champagne II」，讓更多喜愛Champagne的朋友有一個時尚的中性空間可以自由來去。

「Champagne II」以挑高5米格局，設計成氣派一樓及隱密二樓，一樓的蛇紋沙發及皮草抱枕是時尚男女自然會前來對號入座的；沿著豪華的水晶燈步上二樓，居高臨下正好面向洋味頗重的安和路，星夜下盛裝與悶騷的飲食男女，像是闊氣與品味的夜上海風情，是談心、靜飲、聚會的最佳畫面。

晚上9點半至12點是上班族飯後續攤的好地方，午夜12點之後則以藝人及外國人居多，周末則都是極盡妖嬈、各領風騷的酷男靚妹。「Champagne II」雖然華麗且時尚，但都還是維持比較清新的空間，所以，當你不知道怎麼點酒、也不喜歡太可愛的雞尾酒時，選擇專為女性所開設的Lounge Bar或以香檳為主飲品，你就可以完全放心地鬆懈在屬於個人的世界。

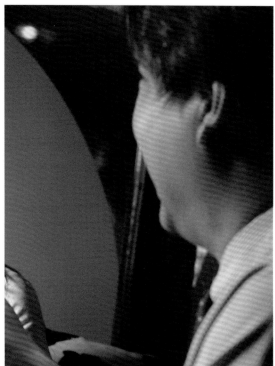

香檳搭檔

原汁原味的食材

　　香檳是清爽順口的酒品，也是酒中珍品，它可以單飲、佐輕食、配主菜，甚至一直到與甜點的組合都極搭配。但是，你會發現能與它匹配的點心或菜餚都很高級，在國外高級的飯店中，清晨一醒來，就是香檳魚子醬早餐，一天的活力就在香檳泡泡的嘶聲與魚子醬的細緻中揭開奢華的序幕。

　　國內香檳既然只有甜與不甜2種選擇，佐菜就更好掌握了，不甜的「Brut」適合當開胃酒或餐中佐食，不論是沙拉、起士、烤吐司、燻鮭魚、鵝肝醬、龍蝦、鱒魚等海鮮都很適合；帶甜味的「Demi-sec」則可以和甜點或蛋糕搭配；至於粉紅香檳酒則適合與水果一起飲用，其中以蓮霧最對味、櫻桃也不錯，建議消費者進階為香檳品味家時，一定要試試這樣的組合。

　　總而言之，香檳的口味如同其外表，清爽而質純，盡量和烹調簡單的食物搭配，避免和太多調味料搭配，也不宜重酸重辣、偏甜或太冷太燙之類的濃湯，讓原味與原汁激盪出最好的口感。

如何品嘗香檳

怎麼開

　　開香檳其實要有一些技巧，如果不是因為慶祝活動、需要脆響聲助興，通常酒保會開好再過來斟酒，以避免聲響嚇到旁人，而且因為香檳瓶內的壓力大概是車胎的3倍，一旦彈到鐵定要瘀青許久。酒保在酒櫃內開香檳的方法是，先撕開臘紙、再將鐵線帽轉鬆，接下來就要有些技巧，最重要的就是以手按住瓶口、邊轉邊開，當最後要拔起時要一面讓氣散出、一方面將瓶塞拉出。據說拿破崙征戰時，飲法豪邁，用刀將瓶蓋削開，不知他是怕被氣壓彈到、還是急於慶功？但是這樣的氣勢，其實除了浪費大量的香檳、也把最辛苦釀存的氣都給浪費了，所以，不讓氣響聲發出，除了禮儀的考量之外，其實也是為了保存二氧化碳，因為珍貴的碳氣，正是香檳的精髓。

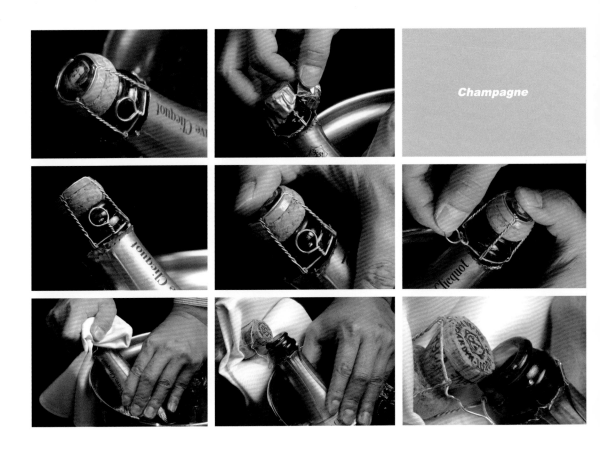

Champagne

怎麼欣賞

正式的香檳酒杯有2種，一種是細長型、一種是鬱金香型，兩款杯子都是小腰身，主要是為了保持盛裝在杯內的氣泡。開香檳酒時，一樣要試酒，酒保倒入約1/5杯，確認為客人所要的口味後才可以再斟至7分滿。此時可觀察氣泡是否細密、充足、持久，再略微搖晃，會再看到氣泡冉冉向上升，這就是香檳的魅力！接著可以看看瓶塞是否因充分和香檳接觸呈香菇狀、而不是缺乏香檳的滋潤變成乾瘦型？待酒師表演完單手專業斜倒香檳後，即可深聞看看是否有香檳本身以外的味道？也許是奶油香，也許是烤吐司的香？

怎麼喝

　　品酒時主要感受其味道散發，正確品酒的拿法是手握杯底，一般人則手握杯腳，不讓手溫影響香檳的原味。由於是氣泡，最好小口飲用，記住不能把冰塊直接加入酒杯，如果怕回溫，一定要掌握最佳口感，所以每次只倒2/5小杯，喝完再倒就行。未倒完的酒，則放在一旁的冰桶裡，杯內酒少時服務生會來加酒。雖然在Lounge喝香檳並不像紅、白酒有比較多的規矩，但是若要享受完全沈溺的樂趣，還是讓服務生來倒酒會比較適合。

　　剛倒出來的香檳其實是有些悶的，如果已經有屬意的酒品，開瓶後最好醒個10～15分鐘，並保存在6～8度的冰溫最為適宜。香檳的酒精成分雖然不高，大約在12～14%左右，但因帶有氣泡，空腹時喝反而容易醉，品酒時可別圖一時暢快反而醜態畢露。

另類喝法

調酒・入菜

　　以香檳基礎酒做調酒，通常都會用一般店長推薦的「House Champagne」，因為即使用好的香檳去調酒，不但浪費了好酒，一般人根本也喝不出來。所以香檳雞尾酒是給不太敢喝酒或未品嘗過香檳的人初次嘗試用，行家比較不會以香檳做基酒去調酒。由於香檳口感比較淡，一般都是以水果入酒，其中以荔枝、百香果、柳橙、草莓最為對味，少數也加入龍舌蘭(Orgasn)、白蘭地(Freach 75')調味。倒是廚師們還蠻喜歡以香檳入菜，如香檳燜煮鱒魚、酒燴鱸魚、香檳凍蝦等，都是以香檳的清爽帶出食物的鮮甜，行家可在飯店級的地方指定，定有驚喜演出。

紅酒

Red Wine

象 徵 生 命 與 媚 惑 的 紅 色 漿 液

店　名：淡水艾莉斯精緻法式餐坊

受訪者：林憲修，生活品味甚高，喜歡攝影、音樂等美好的事物，更是酒及餐具的收藏家；具有20年以上的
　　　　品酒經驗。

地　址：台北縣淡水鎮大忠街117號

電　話：02-2621-9489

營業時間：11:00～23:00

Red Wine

紅酒的起源

典故

紅酒即為紅葡萄酒。據說葡萄的原產地起源於中亞沙漠地帶，栽種及釀製則起源於古希臘邁錫尼時代，隨著海洋民族性的希臘人在各地建立了殖民地後，葡萄的栽種與釀製開始傳入西方；而中世紀的歐洲，修道院幾乎是知識及資源的發展地，修道士更是本著研究奉獻的精神，將葡萄酒的釀造技術發揮得淋漓盡致，因此，歐洲成為目前全世界紅酒產量最高的國家。而法國則由於特殊的坡地及氣候的優勢，得以釀造出世界最知名的葡萄酒，其中波爾多(Bordeaux)及勃根地(Burgundy)兩處，更是世界最知名的葡萄酒產區；為了保持其世界第一的寶座，目前已進入專業團隊經營，以科學方法精算出色香味俱佳的珍釀。

魅力

葡萄酒為什麼得天獨厚、成為全民的飲品？這是因為在各式各樣的水果酒當中，只有葡萄的果實含有高達20%的糖分，是所有水果釀造後、能保留甜分最高的水果；而且，多數的水果在經過釀造後，香味會略微減低，唯有葡萄酒反而愈釀愈香。另外，葡萄在釀製當中保持的糖分酵素會自然起變化，使原本酸澀的葡萄經過發酵，變得圓潤順口，並帶出特有的果香或花香，甚至是大自然似有若無、令人要一再品味的奇香。

不論是紅酒或白酒，都是用紅葡萄或紅白葡萄混合釀製而成，但是，紅酒則是因為連皮與籽一起發酵、成為誘人的酒紅色，再經過透明高雅的玻璃杯襯托後，豐厚的說服力顯得特別令人垂涎；近年來，紅酒又被證實含有豐富的營養成分，對於血液循環也很有幫助，讓人感覺品飲它，就好像直接吸取了日月精華，於是，集優雅品味與養身活血功效的紅酒，穩居近年來酒中「紅不讓」。

紅酒的製造看酒單

製造原料

紅酒是將葡萄輕輕搗碎後、放入大槽中發酵；隨著發酵的進行，外皮被抽出來的紅色色素使得酒的顏色變得深沈，同時，也因為外皮和種子的單寧酸被分解而產生了澀味，不過，經過適當窖藏時間後，生澀辛酸等不合口的味道，就會慢慢變成各有風味的美酒了。

所以，決定一瓶好的紅酒的主要因素，還是源自葡萄的品種。葡萄在園裡成長的時間、吸收的土壤養分、陽光、水及窖藏的年份，都會影響其品質；除了從不甜到極甜不同的等級之外，還有偏酸、帶澀等不同的葡萄酒風味，所以，世界上葡萄酒品種百種以上，但可不是每一種葡萄都可以釀成好酒。這就是為什麼少數幾個優良品種的酒品，只有收藏家才懂得去預購呢！

產地

釀製葡萄酒的地區主要在法國，其中波爾多葡萄「莎維儂」(Cabernet Sauvingnon)因果粒鮮紅、芳香甘醇、單寧含量多，需要較長的時間釀製，因此彌足珍貴；而勃根地的葡萄「黑皮諾」(Pinot Noir)，其單寧量較低，但果香隨著成熟、會散發一種特殊的官能性香味，逐漸受到行家的喜愛。加州因地大物博、土地肥沃，冬夏兩季配合性極佳，釀造成品及技術早已和法國相提並論；其它還有隆河谷地及義大利托斯卡尼，都有其豐厚、或成熟、或特有的植物性香味等，各具獨有風格之葡萄酒。

年份・包裝・酒標

一般葡萄酒至少都有3個等級，產量稀有的酒種甚至有6級，甚至200餘元也可以在超級市場買到葡萄酒，但是，還是有追求單瓶高達數十萬元的收藏家或品酒客。

專業人士都知道，買酒要講究年份，但是，年份久遠卻不是最重要的，主要還是考慮當年生產的葡萄是否符合天時地利，所以，有心學習還是可以省略一些不在主流之內的新品。建議把範圍稍微縮小，可以從81、82、83、84、85這些好的年份開始，要注意的是，這些好的年份僅限某個產區，而不是整個法國；最終，你能感受到也許是82或85的年份才是你喜歡的。無論如何，一瓶好的紅酒，需歷經歲月沈澱、增加內涵及深度，從更多葡萄品種中品嘗不同風味，終能尋獲到您的最愛。

　　紅酒酒標上的資訊還蠻完整的，但對入門者來說，反而有些複雜。可以從點單瓶的酒，趁機累積品飲的知識與經驗，好好地把酒的身份證「酒標」，做一個了解，以後看到酒瓶就能知道其出身。通常酒標會有以下資料：

1. 原產地：如波爾多(Bordeaux)及勃根地(Burgundy)
2. 採收年份：如1990
3. 此酒在該區酒莊的證明：如Chateau或Pauillac
4. 酒庄所有者及所在地：如Produce in France
5. 生產的國家：如France(法國)、Germany(德國)
6. 容量：如375ml、750ml
7. 酒精含量：如12.5%

　　其它地區酒標也是大同小異，但是，由於葡萄酒的產地實在太多，包括：美國、西班牙、奧地利、智利都有知名的酒品，一般人實在無法認識每一種語文；現在又有許多來自新世界的國家、甚至運用設計表現它的風格、簡化酒標，所以，不如掌握少數的幾個關鍵資料，如產地或國家及年份，這樣，依產地或國家就可以知道其品種，再加上採收年份，即使是完全不懂品飲的人，也可以依這幾個重要常識，想像其偏重的風味。

　　也可以從幾個主要產國的酒瓶外形知道其產地，包括：

法國波爾多：肩部寬廣，圓廣瓶身
法國勃根地：柔和肩部線條，及圓廣瓶身
法國亞爾薩斯：如德國白酒酒瓶頸長、身瘦

　　無論如何，先只要掌握幾個主要原則，別人還以為你早已入流呢！

如何看酒單點酒

以下是國內常見的酒單：

（葡萄酒酒單更換速度快，下列酒單供操作說明）

ITEM	酒莊	PRICE/BTL	
Bordeaux			Red Wine
93' Chateau Lamarque	Haut Medoc	2,400	
94' Chateau de Pez	Saint-Estephe	1,800	
94' Chateau Lanessan	Haut Medoc	1,600	
99' Chateau Beau Site	Saint-Estephe	2,000	
00' Chateau Clerc Milon	Pauillac	3,600	
Burgundy			
96' Clos Vougeot Clos Frantin		3,600	
00' Vosne Romanee		2,600	
01' Bourgogne Passetoutgrains		1,600	
01' Bourgogne "inet Noir"		2,400	
U.S.A		U.S.A	
00' Thomas Togarty Merlot		1,600	
00' Beringer Cabernet Sauvignon		1,800	
98' SIMI Cabernet Sauvignon		1,800	
99' Stag's Leap Wine Cellars Merlot		2,000	
Australia			
96' Grant Burge Cabernet Sauvignon		1,600	
02' Brown Brothers Cabernet Sauvignon		1,800	
01' Wyndham Estate Bin888 (Cabernet Merlot)		1,200	
98' Leasingham Bin56 (Cabernet Malbel)		1,800	

Thomas Fogarty

第一類　波爾多

　　來自法國波爾多的酒最好不要太早飲用，雖然年輕的酒果味較佳、且有新鮮的感覺，但大部份太年輕的酒，丹寧會偏澀，所以，陳放8～10年風味最佳。波爾多的酒就是以其富有多變特性而聞名，平均在1,400～2,000元左右就可以喝到不錯的酒；而酒單上第二支酒「Chateau de Pez」以其口感細緻及濃郁的香味，受到相當歡迎，美食人士喜歡以一樣是重口感的德國豬腳、法國春雞佐味，可想而知，其門當戶對之「濃重味」是多麼令人滿足啊！

第二類　勃根地

　　法國勃根地的葡萄酒通常儲藏3～5年就有不錯的口感，建議不要陳放過久，否則會有衰老的感覺，當然，一些勃根地特殊酒莊或良好的酒窖例外。所以，並不是每一種酒都需久藏，出窖日即為最佳鑑賞期的勃根地紅酒，酒性細緻，其中「Vosne Romanee」知名的「夜丘區」(Cote de Nuits)所生產的紅酒，深紅寶石酒色，果香十分濃郁、又帶點燻烤味，味道卻又相當順口怡人，在以清淡菜式，如法式小羊排，簡樸中帶有滿足的健康。

第三類　美加

　　加州的紅酒雖是後起之秀，但表現不俗，優勢在於美國地大物博，加州土地肥沃、陽光充足，雖然19世紀才開始釀製行業，但以拓荒者的精神去生產優質的葡萄酒，尤其是「那帕」和「索羅馬」2個產地，如今美國已是廣大且重要的葡萄酒生產國，很受年輕族群的青睞；值得一提的是，其高級的陳釀技術也相當成熟，價錢已經和波爾多、勃根地的紅酒一樣具有同等優勢。酒單上「Thomas Togary Merlot」是由德國移民的「Sbragia」兄弟於西元1876年所創立，130年來從未中斷釀葡萄酒，可見技術之純熟及備受肯定。

第四類　澳洲

　　同樣來自新世界澳洲的紅酒，和加州的酒有著一樣因地大的條件產出類似特質的酒品。號稱來自陽光國度的葡萄酒，有一些熟化在橡木桶時間較長的酒，酒質仍可保持新鮮細緻、餘韻悠長，是很值得拋開慣性、勇於一嘗的酒品。酒單中第一支酒是96年出產於南澳最著名的葡萄酒產地「Barossa Valley」，典型的「Cabernet Sauvignon」所具有的豐潤感，是相當超值的入門款。

正式點杯紅酒

如何點酒・價格

　　點酒時和餐會的性質有很大的關係，如情人相聚、好友小酌，建議點單杯(by glass)約120ml，單價約在250元左右；如果小有酒量，則點一瓶375ml，約莫可倒2～3杯的量，單價約在500元左右；如果是4個人以上的聚會，當然是750ml比較划算，大約1500元左右就賓主盡歡；人更多時，可來一場品酒的饗宴，前菜搭白酒或香檳、主菜時搭配較濃郁口味的紅酒，甜點時當然就是點甜白酒或波特酒，來劃下口齒留香的滿足句點。

置身紅酒品飲現場

場所‧時間‧穿著禮儀

　　紅酒近年被大力推廣後，多數的餐廳會提供多樣的酒單，如果初次品嘗，選擇比較中小型的餐廳也可以受到周全的照顧、學習到專業的知識；如果老闆正好也是行家，那可就獲益匪淺。

　　淡水「艾莉斯餐坊」，屬於可以吃到入流法國菜、也能透過專業的酒侍喝到好酒的地方。負責人林老闆曾經周遊列國，生活品味甚高，喜歡攝影、音樂等美好的事物，更是酒及餐具的收藏家，即使早已是名人，每天仍堅持在現場服務。他建議，判斷一個餐廳是否專業，首先要看它是否有設溫控酒櫃；另外，酒櫃絕不會像展示品似地放在太陽曬得到的地方。而專業的酒侍，一和客人交談，就要知道客人的品酒齡。剛入門者，酒侍會依照客人平日對其它飲品的喜好，提供2～3款酒做決定；如果客人決定讓酒侍配酒，通常酒侍會調配由比較不甜的餐前酒開始，絕對不會建議價高的陳酒。

　　而餐廳合宜的親切服務，也會讓客人可以比較輕鬆地和酒侍互動、勇於詢問品酒常識。「艾莉斯」雖然藏在淡水深巷，但為了讓客人賓至如歸，進入室內還要更換拖鞋；不過，當你感受到在梨花木地板上的溫馨後，反而愛上回到家的親切。初次前來的人，還會因為滿室蒐藏來自世界各地的餐盤酒杯，不由自主地輕聲細語、踮腳慢步，唯恐不慎撞掉了系出名門的收藏品。餐廳一處擺設黑鋼琴的小舞台，還提供即興彈奏、週末演奏會，這就是許多人愛藏身在這樣具有品味氣氛的小皇宮用餐、品酪、聆聽最樸實的原音。林老闆還表示，女性特別喜歡選擇到寧靜優雅、氣氛迷人的的好餐廳或Lounge Bar用餐品酒，而且比率已經超過男性。他覺得女性可是懂得養生及品味的實踐者，男性朋友們應該要加油了。

Red Wine

紅酒搭檔

厚實濃郁的料理

　　品飲紅酒時同時記得要考量和主菜的搭配，雖然，酒侍在你點好酒就斟好在酒杯裡，但其實酒不是很適合佐湯品與沙拉。前菜則依菜式可酌量搭配，所以，倒好的酒就讓它醒一下、去掉生澀味，待主菜上桌，已醒好的酒就十分潤口。

　　紅酒配紅肉是比較不會錯的大原則，所以佐豬肉、豬腳、牛肉都是相襯的；不過，在烹飪的煮法上也會有一些加分效果，如只用鹽、胡椒的肉片，烤雞肉串、油炸蝦及肉丸，都比較匹配紅酒特有的厚實度；如果是多重水果芳香的紅酒，那就更適合廣泛食物的搭配了；要是點的酒是偏甜的口味，建議來客鵝肝醬或餐後甜點，那可就是寵愛自己、最幸福組合的下午茶了。

如何品嘗紅酒

怎麼開

　　紅酒也有其開酒的技巧。酒齡高、又是好年份的酒，不能太早開瓶，否則醇香會散盡；過晚，醇香又未發揮。有經驗的酒侍會依經驗值做判斷，陳年紅酒通常要提前2天開始做沈澱去渣的工作；如果是甫出廠不久的新酒，為了整合其尚未定性的味道，最好能在飲用前3～4小時開瓶，才能品嘗到溫順的味道；一般年份的酒，則都在飲用前1～2小時開瓶即可。另外，年份稍久的紅酒，經過長時間成熟期間，會產生細小的沈澱物質及苦味單寧，除了透過醒酒瓶過濾掉雜質，也讓陳酒在華麗的酒瓶中慢慢甦醒至最佳口感。會用到醒酒瓶的，其實都是不錯的酒。

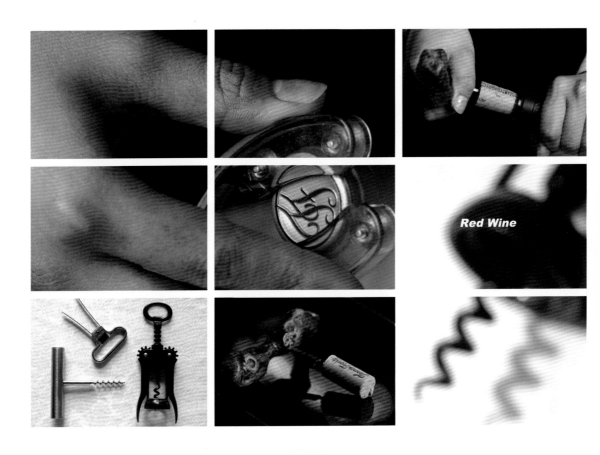

Red Wine

怎麼欣賞

　　開酒時，酒侍會先用削鉛器拿下封套、再用開酒器取出軟木塞。客人可以依軟木塞的香味來確認酒的健康狀況，等客人確定無誤後，酒侍才會將酒倒入約1/5的量到酒杯給點酒的人。酒侍倒酒時，千萬不要表示客氣、將酒杯拿起來說謝謝，要等到酒倒好了、再用姆指及食指夾住杯子的底座，慢慢搖晃酒杯使其接觸室溫，再看看色澤清澈與否、有無雜質，之後調整成45度傾斜、靠近鼻子聞香，以流下速度判斷其清淡或濃郁。由於其緩緩流下的過程，便已被行家判斷出它的品質，又稱「紅酒的眼淚」。

怎麼喝

品紅酒時第一口大口含飲，並在口中做漱口的感覺，讓整個嘴巴充滿酒液、感受其甘甜。通常酒齡淺的可以聞到果香，中等的可以聞到果香與花香，較陳年的除了果香與花香，還可以聞到土香、甚至其它更多重的味道。

品酒時，又會因使用不同酒杯、而感受到不同的口感。乾淨透明的酒杯可以襯出酒的色澤及品質，水晶杯可以襯托出酒的氣質，有色彩的酒杯則會使好酒失真。另外杯身要圓、杯口要向內彎，這樣的酒杯才能把紅酒的香味留在瓶內；較大的杯肚會依手捧的溫度傳入杯內，使酒因不同的溫度產生不同程度的香味。當然也不能過溫，所以最好控制在15～18度的室溫，才不會破壞了酒質。

另類喝法

調酒

紅酒一直給人很優雅的感覺，喜歡創新的新人類，用柳橙汁、檸檬汁及糖漿調和出「幻想」的一款雞尾酒，酸甜飽滿的口感，據說也是喜歡出入Lounge Bar的女性朋友的另一種選擇。另外加入薑汁汽水的另類紅酒，也使得紅酒在優雅中帶些淘氣味；以礦泉水、檸檬汁為底再倒入紅酒，產生漸層浮動的紅暈，不但色澤誘人、酒精濃度低，也是不擅喝酒女性的最愛。

干邑

Cognac

頂 級 飲 酒 、 至 尊 享 受 的 生 命 之 水

店　名：Marco Polo Lounge馬可波羅酒廊

受訪者：張立成，Murphy Chang曾經任職於亞都飯店及法樂琪餐廳，目前專職於香港酩悅軒尼詩品牌推廣
　　　　經理，主持各大私人宴會及品酒餐會。

地　址：台北市敦化南路二段201號38樓(遠東飯店)

電　話：02-2378-8888分機5952

營業時間：11:30～00:30

干邑的起源

典故

　　傳言干邑的出現，要追溯到中世紀的煉金術。當時為了要提升生活水準，人們試著將所有的物質加熱燃燒，希望將不值錢的金屬經過提煉後變成更值錢的東西，例如金、銀、銅、錫等高經濟價值的金屬，後來包括穀物、水果，也不能免俗地被拿來提煉。過程中，意外地發現了中世紀的重要產物——酒精。人們發現酒精除了可運用於醫療時殺菌，飲用後的微醺感也令人很舒服，於是便開始大量製造販售。不過，當時提煉出來的干邑，是具有70%酒精濃度的液體，販售時以整桶轉賣至丹麥、北歐等國家，到達目的地時，還要加水才能飲用。

　　當時桶裝葡萄酒經過長途的運送，期間的震動、溫差及化學變化，讓損壞率甚高。後來，有一酒廠沒有依照先進先出的原則、擱置了許久，卻發現幾桶舊酒的味道相當濃醇、顏色也由原來的水色變成金黃，和原來十分淡雅的生命之水完全不同，至此才發現陳年後的干邑更具保存性及深度，香味也由原來的濃嗆變成參雜柑橘酸甜、野玫瑰花香及茉莉清香等多重芬芳且更耐人尋味，這是第二種型態干邑的種類。

　　18世紀時干邑的色澤、調配及飲用方式大致成型，西元1817年因為英國國王喬治四世，指定軒尼詩酒廠的「very superior old pale」（極為優質的陳年清透干邑）屬於英格蘭皇家專有御用酒，即現在的「V.S.O.P」，至此干邑開始進入分級制。至本世紀，干邑已是洋溢著豐富香料的飲品，且包括木香、熟果、皮革、鮮花等香味，似乎是蘊藏著令人要一再探尋品味的雋永作品。

魅力

　　干邑真正改變世人的飲食習慣，是在西元1870年，當時法國「干邑」(Cognac)地區因葡萄根蚜蟲病變，致使當時許多葡萄園被摧毀，能夠倖存的酒便開始被陳年珍藏；酒廠同時鼓勵品酒客以純杯純飲、小量飲用，替代加水的快速飲用消耗習慣，以減緩需求大於供應的市場，因此改變了原來品飲加水干邑的習慣。同時，因陳年時間的不一，干邑的級數也逐漸被提昇，西元1870年時除了原來的「V.S.O.P」之外，「XO」及「Extra」則分屬更上一層的第二級及頂級的干邑。

　　干邑雖然源起於法國，但是，目前全世界干邑銷量最多的國家，是美國及加勒比海地區；不過，若再以人口比率來分析，全世界最愛喝干邑的民族，可能是愛爾蘭人。450萬的島國人，每年卻要喝掉約300萬瓶的軒尼詩干邑，由此可見獨立後的愛爾蘭人除了齊心團結外，更是徹底實踐及時行樂啊！

干邑的製造看酒單

製造原料

　　干邑的製造方式，從一開始白葡萄的採收、榨汁、發酵成葡萄酒的步驟，和一般的葡萄酒是雷同的，不同的是，干邑必需經過雙重蒸餾、陳年在法國白橡木桶裡2年半之後，才能稱作干邑。干邑不強調年份，只著重在它調配出來的風格，有些干邑甚至強調陳年時間的久遠或百種以上的調配秘方，所以，干邑其實是以時間來換取濃醇酒液。而製造干邑所需的葡萄，也被限制於僅來自干邑地區「烏尼白」(Ugnie blace)的品種，目前這種品種佔干邑區的葡萄園面積95%強的栽種面積。

產地

　　干邑的產地是在法國西南部一處叫「Cognac」、人口約2萬的小城市，氣候溫和，葡萄園總種植面積約7萬5千公頃，由於此處是干邑的生產地，於是成為生產干邑白蘭地酒系的代名詞。凡是水果蒸餾酒，都可稱白蘭地，它可以是水蜜桃、水梨等各種水果蒸餾出來的水果酒；干邑雖是白蘭地酒系下分出來的另一種酒，但是，干邑的獨特性是在於被嚴謹地限制，它必須是白葡萄所蒸餾調配出來的。除了限制專屬干邑地區的白葡萄原料，產值也要依官方規定，例如，9公升的葡萄酒經過雙重蒸餾，只能產生1公升的「生命之水」，還會有每年2%的蒸發，法國人只好無奈地將化入空中的酒氣叫「Angel Share」（天使的配額）；如果再陳年20年，可能只剩下50%，所以，目前干邑地區一年要耗損2,000萬瓶的生命之水。而除了限制干邑必須陳年在質地合宜的白橡木桶內外，也都要經過酒師獨家調配過，釀造出來的酒一定是有架構、有層次，圓潤且風格獨特的干邑。

年份・包裝・酒標

　　干邑都經過混合調配，有些調和的比例甚至超過40種以上的基酒，如「XO」或「Extra」都是超過100種以上所調配出來的，所以原則上並不強調年份，若要分出級數，就得回到干邑被陳年的時間。一般官方的標準，標示上有：

V.S	very special	至少要被陳年2年半以上的時間才能叫干邑。
V.S.O.P	very superior old pale	超過4年半以上。
XO	extra old	超過6年半以上。
形象旗艦款	最上一級，則是各品牌的形象旗艦款，像是軒尼詩的理察及人頭馬的路易十三。	

　　傳統的干邑和波爾多的高瓶圓筒狀葡萄酒瓶極相似，不過，西元1947年軒尼詩XO的葫蘆造型酒瓶出現後，其它的干邑酒廠也紛紛設計屬於自己酒廠的造型，如今反而很難再找到原始的復古造型。目前國內較常看到的其它造型，還有「人頭馬」(Remy Martin)的橢圓酒瓶、以及「馬爹利」(Martell)的階梯形酒瓶。

如何看酒單點酒

以下是國內常見的酒單：

ITEM	PRICE/ Bottle	PRICE/ Glass
1.V.S.O.P Remy Martin, Hennessy, Otard	350	4,500
2.Martell Cordon Bleu	500	6,500
3.X.O-Remy Martin, Hennessy, Davidoff Classic Samalens	550	7,000
4.Davidoff Cognac Extra	700	10,000
5.Hennessy Private Reserve	700	10,000
6.Hennessy Paradis Extra	950	12,000
7.Remy Martin Louis XIII	1,950	33,000
8.Hennessy Richard	2,900	39,000

Cognac

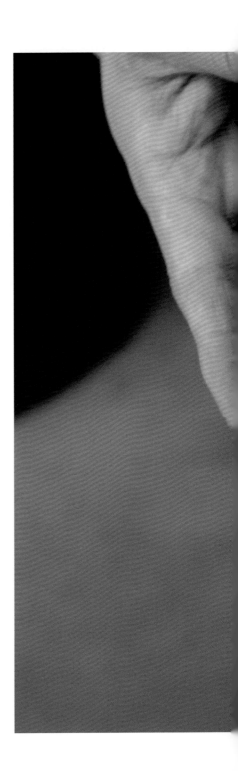

第一類　調酒基酒用

近年來，調酒大行其道，很多年輕人喜歡顛覆傳統，特別是烈酒，在想試又怕莫名其妙地把自己給擺平的考量下，酒單第一類的「V.S.O.P」是較實惠的基酒。飲用時加入冰塊、薑汁，倒些蘇打水、檸檬汁進去，濃烈的干邑就變得極為柔順而容易入口，多變創意飲法仍不失干邑本色，這也是年輕科技新貴、設計師、年輕醫師們舒壓的秘方呢！而酒單中第2支酒「Martell Cordon Bleu」，即早期大家所熟悉的馬爹利，酒質溫郁順口，是許多純飲入門者的選擇。

第二類　頂級XO

酒單中第3、4支酒是屬於XO級，想要品嘗比較濃烈多重的香味，就可以直接從此一等級開始。由於個人味覺感受不一，干邑很難只被定位在某一種特定味道，除了花果香之外，比較特別的還有香辛料、木桶香等味道。其中「大衛杜夫」(Davidoff Cognac Extra)是BMW汽車公司的御用酒，幾年前老虎伍茲(Tiger Woods)來台參加全球高球賽，也是以此一品牌為比賽紀念限量酒。

第三類　品牌‧形象款

第5、6支酒屬於干邑酒款中第二高級的品味級酒品，可想而知香味更富變化、口感濃郁卻更加順口；第7、8這2支酒都是屬於品牌的形象款，「Remy Martin Louis XIII」以其特有又難以道出姓名的香味調製出酒味綿長的飲品，是品酒客不斷想要嘗試、蒐尋答案的好酒；「Richard Hennessy」強調加入西元1800年的陳年原酒去調和，酒味多層變化，一波又一波、耐人尋味，正是其誘惑迷人的地方。

正式點杯干邑

如何點酒‧價格

　　干邑、V.S.O.P、XO的入門單杯價(約30c.c.)都在300～450元左右，與會的人如果超過4個人，建議直接開單瓶酒分著喝，單瓶價位約在3,000～5,000元，再加上幾碟小菜，以4個人計算，每人平均消費在1,000～1,200元之間。喝不完的酒可以寄放，酒侍會掛上精美的吊牌、寫上寄酒人的名字，下次再帶朋友來品酒，只要支付點心、配菜的費用，這時由酒侍拿出你專屬吊牌的寄放酒，也有另一種飯店老顧客的虛榮呢！

置身干邑品飲現場

場所‧時間‧穿著禮儀

　　歐美人士可以在任何時候純飲干邑。居家獨飲，多數是思考放鬆時的淺酌；宴會時也會盡情暢飲，但還不致於豪飲。近來台灣的藏酒文化有增加的趨勢，收藏家自是以品酒小酌為主，宴客文化則因國情不同，多數主人禮數與誠意濃厚，為了要讓客人盡興，便傾力勸酒，以致於拿著XO乾杯、拼酒，就常在一般中餐廳上演，形成了失序的餐桌禮儀，與會者甚至會從西裝筆挺、變成失落的領帶與主人；倒是飯店的酒吧裡，除了原本常見的商務社交外，開始出現年輕族群「smart causal」的休閒聚會，喜歡在休憩時三五好友到飯店酒吧取靜談心。

　　位於敦化南路遠東飯店38樓的「馬可波羅」是台北市最高的酒廊，以其高隱密性及最佳視野成為許多紳士名媛、影星名人出沒頻繁的社交場所。獨特的環形場地設計、大片的觀景玻璃窗，在豔陽高照的午後與三五好友靜坐其間，細細品味英式下午茶，俯瞰窗外，台北的高空美景盡收眼底；星光熠熠的夜晚，桌上的佳釀與搖曳生姿的燭光相互輝映，晚上9點半後現場爵士鋼琴的自彈獨唱，無論是情侶談心、文酒之會，都不禁令人陶醉。

　　雖說飯店品酒的地方都稱之為酒廊或Lounge，但其實因位於高樓比較不受打擾，女性客人反而比男性客人多一成。許多人喜歡在白天來盞英式茶或飲杯沁心涼的雞尾酒，晚上則常見三五好友開酒品飲；當女男還是不平等時，女性似乎才是品味的實踐者，誰還須要爭那個無價、但又不值錢的男女平等？

干邑搭檔

3大忌諱：太油、太辣、中藥味

　　干邑的葡萄原酒原本就屬於低酒精、高酸度、香氣淡雅的白酒，佐菜的原則有3大忌諱：太油、太辣，以及有含中藥味的料裡都不適合。油、辣本就不符溫和酒風，中藥則會掩蓋了酒的原味，一般干邑在日式料理、台式海鮮、泰式微酸、港式燒臘，或是小點、新鮮水果，都是很合口的；如果干邑本身帶有些許蜂蜜香，則適合做餐後酒佐黑巧克力或甜點；而重味的XO，則毫無疑問和帶厚重風味的雪茄搭配，同質的共鳴、交錯出另一支協奏曲，這就是組合微妙之處。法國人餐後還喜歡倒杯干邑慢慢品飲，1小時後，讓胃部有了暖和的滿足感，才是真正完美的ending。商務人士最愛品飲干邑、抽雪茄，有種007先生的智慧與張忠謀的沉穩，偶爾一試，熟男也可以很酷喔！

如何品嘗干邑

基本工具及用法

品飲干邑的基本工具包括：

* balloon 氣球杯
* rock 石頭酒杯
* tulip 純鬱金香杯
* 水杯
* shot 一口飲盡玩遊戲時用

　　純飲的干邑嗅覺及味覺都稍嫌強烈，如果初次想品嘗風味，可在杯中放一塊冰塊，一般都是30c.c.為一杯，而老式的balloon杯由於具有肚大、寬底的特性，給予酒液更多的空間，所以香氣會慢慢散開。通常在氣溫低於18度的地方飲用，利用手溫溫酒、帶出蘊藏的香氣，所以，當餐廳的室溫在25度左右時，多數人的飲法還是用rock杯加入冰塊，讓冰釋放酒中的各種香氣，此時杯內的干邑會維持在18～22度左右的酒溫，口感變得相當圓潤舒暢。而「軒尼詩」特別禮聘奧地利專業玻璃水晶公司「Reidel」打造了小號的鬱金香杯，除了將干邑的原液濃醇做了最好的表現，用造型優雅的小號鬱金香杯做純飲杯，讓許多淑女可以放心大膽嘗試干邑，才不致於變成現代豪放女。

　　值得一提的是，在沒有量杯的時代，倒入的酒量要剛好是傳統balloon杯躺下不會流出的量，有經驗的Bartender還會故意在酒客面前加一小口，滿足喜歡受到特別照顧的熟客，這就是貼心的Bartender和老顧客維繫的技巧之一。

怎麼欣賞

　　品飲單杯干邑時，酒侍會將酒倒好、直接送來；如果是單瓶，則會有確認及品酒的步驟。比較需要注意的，就是確認是否為你屬意的酒品及等級，接著酒侍會在客人面前直接開酒、並倒出1/5的杯量給點酒的人做鑑賞。干邑少有腐壞變味的問題，如果有味道偏差，只能吸取經驗當做下一次點酒的參考；熟客倒是幾乎都讓酒侍直接倒酒、不做試喝。

怎麼喝

品飲干邑，有觀色、聞香、品飲、聞香4步驟；聞香，則有淺聞、深聞2次品聞。

干邑的色澤大致可分淡金色、琥珀色、金色、古銅金，4個等級。比較特別的是品飲干邑不像葡萄酒一樣在口中輕漱，品酒師說那等於是第三次蒸餾，會著實破壞珍貴的生命之水、並把口腔內膜做了傷害性的沖刷；正確的品飲動作是：在口中轉2下、吐一口氣帶出味道後，嗅吸花香、木香或果香，然後吞下。不過東方人普遍對花香比較沒那麼敏感，多半只聞到花香及木香。

干邑強調的是像絹絲一般的質地，餘韻也是關鍵的指標。一般干邑的共同點是具有淡淡的香草、蜜餞香、新鮮胡椒粒香，年輕的酒還會帶點青梅的香氣；陳年的酒則會有烏梅的味道，風雅人士並分別為3個不同等級的干邑下了一個想像空間：

V.S.O.P	像青春洋溢的音樂會
XO	猶如風格強烈的爵士風
Extra	則是令人回味再三的古典樂

有些人以為干邑是烈酒而不敢嘗試，其實女性與生俱來的敏感力，反而很適合品嘗具有豐富果香層次的純酒，去感受出更細緻的另一個層次來。

另類喝法

調酒：可樂，檸檬與馬丁尼

　　干邑的酒精濃度雖高達40～43%，但事實上酒性並不令人感到濃烈，甚至可說是圓潤溫和。歐洲人有時會拿來當餐前酒、兌上等比率的冰沛綠雅，口感清爽、帶些驚奇；法國人認為每日小酌，能幫助心臟血液循環；美國人喜歡以干邑做基酒，加入蘇打或薑汁汽水等不同酒類，調出「Highball」雞尾酒，也有加入馬丁尼、蜂蜜、檸檬汁、黑糖所調製出來的「V.S.O.P馬丁尼」雞尾酒，都十分爽口，女生特別偏愛後者的甜酸味。台灣還有人加熱開水、蜂蜜、檸檬水變成治感冒的偏方，據說瞬間見效呢！近年來很多烈酒都被拿來凍飲，干邑也不例外，冰鎮後入口沁涼、強勁，是追求感官刺激的年輕族群喜歡的新刺激！

清酒 *Sake*

溫 熱 而 撩 人 心 口 的 液 體 之 米

店　名：S-dinner

受訪者：許志旭 Jerry Chen，主修飯店管理，曾任香檳王品牌經理、凱悅飯店3年飲務經理。曾獨立從
　　　　25,000支酒挑出300餘支酒設立酒藏，並熟悉酒與廚師配菜之關係。

地　址：台北市光復南路180巷11號1樓

電　話：02-2771-7675

營業時間：周日～周四 12:00～14:00；18:00～00:00
　　　　　周五、周六 12:00～14:00；18:00～02:00

Sake

清酒的起源

典故

　　日本的造酒文化，傳說是2千4百多年前從中國經朝鮮半島隨著稻作文化而來的。早期日本酒(即現在的清酒)多常是進貢的禮品，皇室不但設有御用的酒廠專職生產，還不准開放給平民百姓品嘗，不過擅長模仿的日本百姓，很快就學會被保密很久的古法釀製酒的方式，直到現在，全日本有超過2,000多家的釀酒廠。

　　後來，日本皇室漸漸地把清酒塑造成民族文化的一部分，包括遠古時代居住在未開墾的原始森林中以酒敬鬼神，求平安亦鎮定民心；農業社會祭拜土地神，以祈慶豐收；慶祝酒豐收時，備一大罈清酒，用鎚敲破分飲，以分享成就的喜悅。酒，是各種社交宴會時永不冷場的開場白，而21世紀的商業社會，酒更是男人下班找慰藉的解愁劑。雖然，出現在任何場合的清酒，彷彿是日本人為了滿足口慾所找的藉口，不過，日本人倒也是全世界將「米」發揮得最淋漓盡致的國家。每一個地區都有屬於自己地方特色和民族文化風味的米，而將米釀製成千百種風味的清酒，更足可媲美法國的葡萄酒。

魅力

　　日本人飲清酒，就和西方人佐葡萄酒一樣地生活化。上班族每天下班後都會去居酒屋展開他們的社交生活，所以每天早上一起床就想：「今天晚上去哪一家居酒屋、要喝那一種酒？」酒是他們向上攀爬的必要工具，故日本米酒又有「男人的第二生命」之譽；許多在情場或職場失意的男人，白天人模人樣，下了班也不能太早回家，只好到居酒屋、Lounge Bar，藉由沈醉酒精暫時找到心靈的寄託。

　　後來，還有人發現以清酒泡湯暖身，可以驅寒、增加皮膚紅潤與彈性，久病的酸痛病症也不藥而癒，所以，也給了酒商及湯屋新的生意可以做。近年來，有廠商以純米清酒製造成卸妝美肌水，成為追求「一白遮三醜」的女性新聖品，使得日本清酒市場更加朝氣蓬勃。無論是飲用、運用、實用，清酒儼然成為全民健康運動，日本人曾研究長壽村人的生活方式，發現他們都有長期飲用清酒的習慣，也不知這個因素是否和長壽的日本人有直接關係？不過，日本是亞洲最長壽的民族，可是不爭的事實呢！

清酒的製造看酒單

製造原料

　　清酒是由米及米麴所釀造出來的液體，甜味十分濃醇。一般由「純米」釀造出來的酒，就是清酒的第一個等級，後來，擅於研究的日本人發現，把米的外圍部分磨掉、剩下「心白」，可避免過多的蛋白質、脂肪、石灰質及維它命，降低了清酒的香氣及味道。而留下屬於精米的部分果然更為香醇，現在清酒的等級就是依據留下的精米的比例，續分為「本釀造」、「吟釀」、「大吟釀」等不同等級。前述第一、二類的純酒及本釀造，是允許被加入酒精的，價錢較便宜、香味也比較淡；吟釀及大吟釀純米，則規定完全不能加酒精，可想而知這精釀的酒液，有多麼濃醇。日本清酒也許辛口帶甘甜，也許甘口又帶有花香，甚至還有苦中帶澀。但是，無論如何，每一種等級的酒都具有日本酒之甘、辛、苦、酸、澀這5種的均衡口味，看似清清如水、卻有千變萬化的風貌，是相當耐人尋味的酒品。

產地

　　清酒的等級是製酒商根據原料、材料、製造方法所做的等級分類,這攸關酒的味道及價格。一般「純酒」精米度是用100%全米去釀造,即未做任何磨米、去外圍的過程;「本釀造」是指釀造過程中有加入酒精,所以味道較清淡;「吟釀」精米度在60%以下,亦即磨掉3～4成精米;「大吟釀」精米度在50%以下,亦即磨掉4～5成的精米。

　　全日本清酒大約有5千種,除了以上4種等級之外,經過長久以來的品質改良,各地還開發出如山田錦、美山錦等,相當於知名的食用米「越光米」等優良品牌,還有一些限量供應、聞名的小酒廠,可都是酒商親自選米、購買特別甘純的軟質泉水,以手工親釀,每年都只能接訂單供應,根本不用上市。以日本人的工作與研究精神,只要被允許上市的,都是可信任的產品,如果還能訂到一瓶限量級的「珍藏」,可是人人稱羨的事。

年份‧包裝‧酒標

清酒的酒標上應包括有酒的容量、酒精濃度、純米或精純百分比、製造年月、發酵素及產地。多數的容量都是720ml，酒精濃度大約在16～17度，精純的程度則可在百分比數字中看出。酒的產地實在太多，即使是看得懂的中文字如：「加蒜加八郎」，也不知其究竟是怎樣的一支酒。而在製造成分部分，甚至還有加入水、麥、芋頭等不同成分釀造，初入門者實在很難想像，連芋頭都入味，那是什麼味道？所以，建議讀者可以先以自己偏好口味，也許是花香、果香，還是青草香？再和酒侍討論後做入門，慢慢再累積屬意的廠牌。另外，清酒要特別注意的是出產日，由於清酒不加防腐劑，最多只能存放一年，開瓶之後甚至只能續存半個月，這就是為什麼日本人每開酒必飲畢。

另外，清酒的酒瓶，高矮胖瘦雖各有不同，但其酒名卻一律使用黑色粗體字題寫印刷，如「獺祭三割九分」，有些地方甚至根據酒的特性題上一首絕妙好詞，當下這瓶酒馬上具有文化深度，價值也立刻由數十元的米成本提高至數千元的名酒，這就是擅於「包裝」的日本人，總是能輕意地掀起哈日風。

如何看酒單點酒

以下是國內常見的酒單：

Sake

ITEM	LOCALITY	QTY	PRICE/BTL
壹、純米酒			
太平山生元純米酒	秋田縣	300ml	800
大山特別純米酒	山形縣	720ml	1,500
浦麗純生米一本	宮城縣	720ml	2,100
一人娘純米白濁酒	枇城縣	720ml	1,500
峰乃白梅潤特別米酒	新瀉縣	1800ml	4,200
五橋純米酒	山口縣	720ml	2,000
西之關手造純米酒	大分縣	1800ml	4,500
貳、本釀造			
男山生原本釀造	北海道	1800ml	3,600
若竹鬼篩殺本釀造	靜崗縣	1800ml	4,000
久壽玉特別本釀造辛口	祈阜縣	720ml	1,500
月之桂本釀造中級白濁酒	京都府	300ml	900
春鹿極味本釀造	奈良縣	720ml	1,600
參、吟釀／大吟釀			
澤乃井純米吟釀	東京都	720ml	1,800
司牡丹滴酒純米帶大吟釀原酒	高知縣	720ml	4,500
真澄山花純米大吟釀	長野縣	720ml	3,500
開華序曲吟釀酒	枥木縣	720ml	3,000
賀賀泉純米大吟釀	廣島縣	500ml	2,000
奧之松純米大吟釀	福島縣	720ml	3,600
獺祭三割九分	山口縣	720ml	3,400
獺祭兩割三分	山口縣	720ml	7,000

第一類　純米

以米及米麴釀造的酒，是最普通、人人都懂得釀造法的家庭或烹飪用酒。除了純米，許多釀造酒其實還有加入釀造用酒精及糖類，糖類是為了調整因加入釀造用酒精而產生的變味。所以，如果是純米所釀造的酒本身所散發的香甜，都已相當濃醇，這也通常是店家的House Wine，相當值得一試。

第二類　本釀造

釀造過程中加入釀造用酒精，酒味較清淡，卻有一股因釀造用酒精所產生的香味，看似普通、品質及檔次卻已經是相當高的酒。如果不想太濃嗆，本釀造就很適合純飲、慢飲，它也是清酒中相當具有獨特個性的酒款，其中產在祈皇縣的「久壽玉特別本釀造辛口」是相當知名的產品，新酒出場，酒店還會高掛杉木球表示上市，很多人都會在上市季節去觀光、品嘗新酒。

第三類　吟釀／大吟釀

規定一定要有40～50%精米度的吟釀與大吟釀，可想而知是如瓊漿玉露般地珍貴。其中「司牡丹」因精米純度高、又帶有茉莉香或小白花香，相當受女性朋友的歡迎；「澤乃井」則因有300年造酒歷史，境內有常年從末乾涸的橫井、並使用新瀉縣的越光米，釀出來的酒有如清水般爽口，是許多清酒品味家相當忠誠的一支酒。其它更頂級的珍釀如「獺祭三割九分」、「獺祭兩割三分」，表示磨掉精米度高達三成九或二成九，是最高級的清酒，720ml單瓶約7,000元，米香純滑、酒香能持續20秒以上，是饕客級慶功宴上的獎賞。

正式點壺清酒

如何點酒‧價格

初次點酒的人，建議以「House Wine」做嘗試，通常口味較為大眾接受，平均單杯價位也在合理的150元左右，有些居酒屋600元以上的套餐也會搭配一杯，鼓勵喜歡到居酒屋的人來個初體驗。如果是2人談心，建議點一壺375ml的入門款，一般費用在500元左右；4個人則建議開一瓶750ml的，平均在2,000～2,500元之間。如果純喝酒，則另點些燒烤及醃漬品，每人平均消費在700～800元之間；清酒還有1800ml容量，適合10人以上聚會飲用。

場所‧時間‧穿著禮儀

如果還以為居酒屋裡的清酒就是大大一瓶的「月桂冠」，那可就錯了！自從去年日本酒開放進口後，目前在國內可供選擇的種類已有數十種，現在能喝到極有口碑的老牌子、也可以喝到不再辛辣的日本清酒，甚至只是來自某一個小村落的私房好米酒。品飲的環境也突破以往居酒屋裡一票訴苦爛醉男人的形象，隨著Lounge Bar領導潮流，居酒屋的風格也跟著改調，在居酒屋暢飲著屬於積極的社交文化、或尋找暫時舒壓談心的時尚男女，品酒的器具、方法及空間的氣氛也完全不同。

新的居酒屋文化也植入了鐵板燒餐飲文化，用餐後移座一旁小咖啡廳的另一種「續攤」方式。不同的是，新居酒屋除了提供美食，也有同Lounge Bar般舒服的沙發區，晚下班、又想同時擁有美食及好酒，不必再轉戰其它的地方，就能找到鬆懈微醺的一夜滿足，這就是移植自東京的「Dinning Bar」文化。「S-dinner」就是少數將居酒屋打造為複合式的Dinning Bar，將用餐與喝酒環境做了無限延伸，起因就是因為台北與東京的晚下班文化愈漸相似，讓晚下班的新世代免去「續攤」浪費時間，也打破有好酒沒有好菜的Lounge Bar魔咒，就算晚上12點也可以點餐。夜已深，才正展現越夜越美麗的風華。

「S-dinner」的一樓是極簡日式餐飲空間，白天完全看不出它在夜色與燭光中會變得那麼妖嬈；樓下的Lounge Bar，更是隱藏得極為悶騷。以東方紅為主調，突破頹廢沙發精神，以S字樣設計的霓紅夜光，營造出慵懶中的激情；黑白兩色的日本造型餐具，又為整體做了調和定型，讓飲食男女不致亂了分寸。餐飲的部分，首創以日式為基礎的亞洲創意料理，再融合中式、泰式、越南等亞細亞風格，將普通食材做不凡演出。由於位在華視旁，藝人常來用餐，坐在靠街道的落地窗看進去，就像是活廣告，許多人精心打扮的男女都爭相指定這個如Show Room的「指定席」。

清酒搭檔

味道清淡的料理

　　清酒具有一定程度的香甜濃郁，不論單喝或餐前酒都很合口，只是配菜部分味道盡量不要太重。米酒可以搭配炸的、醃漬、冷食或煎肉，烤肉則不宜；本釀造較為爽口，海鮮沙拉、味噌蘿蔔、燉羊肉、小羊排都很不錯；吟釀及大吟釀則可做餐前酒，鹽烤貝類、奶油魚是蠻不錯的搭配，盡量避免味道強烈的食物。如果就是想試試溫飲的味道，那麼，冬天時搭配滾燙的火鍋，絕對可以將寒意驅趕得無影無蹤，日本人則常常在以燒烤、燉物等味道較重的食物相搭。特別要注意，溫飲比凍飲要來得容易醉，不要錯估強力的酒勁、讓自己醉態畢露。

如何品嘗清酒

怎麼欣賞

　　最早日本人是將清酒放在木盒中飲用，因為難以清洗，所以改在木桶杯中加放一個小酒杯，後來進化到以保溫的陶瓶、陶杯飲用。飲用時，酒會放在另一個木桶裏，現在則有成套的陶器保溫瓶，相當講究與專業。

　　陶瓶之後又改將酒放入較有質感的「托骨利」(Tokkuri)瓷瓶，並將酒暖瓶至最佳口感的30度；不過，後來發現溫熱過的酒比較容易醉，於是冰飲的時代開始，原來使用的陶杯、陶瓶完全被玻璃瓶及玻璃杯替代。而為了維持品酒中一定的冰點，玻璃瓶的冰塊因此放在瓶肚的凹槽，酒杯則由原來的清酒小杯到威士忌的「shot」杯等不拘，而用「shot」杯也一樣可以表示出一口飲盡豪邁氣勢。

　　清酒的顏色95%都是水樣無色，但也有少數的酒商為了創造另一種比較真實的口感與香味，會留一部分的米在瓶內，初看像是瓶裡的沈澱物，飲用時先搖晃後再倒入杯，顏色則會近米色，味道較濃厚。

怎麼喝

　　清酒色澤雖然都是清澈的水色，但是從磨掉的外圍比例，就可以知道等級差距，也可以藉由品飲時分別出來。品酒時將酒倒在「shot」杯約6～7分滿，輕輕搖動杯中的酒，讓香氣發散出來；接著靠近鼻子聞香，又稱「聞鼻香」；然後把酒及空氣一起吸進嘴裏、嘴巴閉起來，把氣慢慢從鼻子吐出，這時候叫「含鼻香」，讓酒慢慢流過整個舌頭。因為舌頭味覺分工不同，舌尖是甜味、周圍是酸味和辣味、舌根是澀味，好壞酒此時立即分曉。而清酒的甜度與空氣的溫度成正比，相反的，澀味會隨著溫度下降而增高，酸度反而比較不會受影響。

　　日本人喝酒頗為豪氣，常常看到他們大呼小叫、裝腔作勢地喊乾杯，其實日本文化中的「乾杯」，還是隨意的意思，和國人的一杯飲盡不同。總而言之，乾杯文化，是不在品酒之列的。

另類喝法

調酒‧入菜

　　清酒除了冷飲及加熱外，新調酒文化當然也不能獨漏它的表現。如以1：0.5比例混合葡萄柚汁、檸檬汁、蘇打水、薑汁水，辛辣中帶酸甜，有點像以伏特加配上柳橙的螺絲起子。而日本的真正饕客，可是將烤好的河豚鰭、倒入熱過的酒，變成河豚鰭酒，滋味與風味超獨特；另外，日本知名電視節目「料理東西軍」還曾報導，將溫酒注入蟹殼中、攪拌一下，成為蟹殼酒，趁熱喝，聽說極為滋養身體。原來，饕客永恆地勤於研究發明，才是使美食節目歷史直追長壽村耆老的最終因素。

雞尾酒 *Cocktail*

熱 鬧 繽 紛 ， 追 求 時 尚 流 行 的 杯 中 彩 虹

店　名：Mojo

受訪者：潘佳穎，Shawn，「Mojo」店長，超過10年管理酒的經驗，堅持不在工作時飲酒的Bartender。

地　址：台北市安和路二段35巷5號

電　話：02-2704-6700

營業時間：周日～周四20:00～03:00，周五、六20:00～04:00

Cocktail

雞尾酒的起源

典故

關於雞尾酒的起源，各種傳說都很有趣。一說是荷蘭阿姆斯特丹的醉漢常賴在酒吧不走，女酒保以劣質雜酒逼退不成，再以雞毛掃帚逐客，醉漢不但不退，還戲稱加了雜質的酒為雞尾酒。也有一說是在美國獨立戰爭期間，愛爾蘭少女常送烤雞和酒勞軍，酒杯上插著美麗的雞尾以振奮軍心，雞尾酒因此成了歡樂宴會中的主角。還有一說是在墨西哥的2個部落酋長兒女聯姻，取兩人的小名「奧克黛兒」，傳至駐墨之美國大兵，以訛傳訛後竟和「Cocktail」音相近，「Tail」之雞尾含義就這麼開始延用。

雖然正確起源難以求證，但從各地都有起源之說發現，即使西方人不愛喝清酒、東方人不擅喝伏特加，但愛喝雞尾酒，可真是有志一同。

魅力

雞尾酒使用的酒杯小巧細緻、又有造型，加上調和出來的誘人色澤、散發的果香，以及雞尾酒成品極講究的杯飾，最後再經取名，化身如「粉紅佳人」、「柯夢波丹」、「誘惑」、「公牛」等極具挑逗意味的命名，無論是聽覺、視覺與味覺，都讓雞尾酒成為美感與品味的象徵，無怪乎越來越受歡迎的「雞尾酒黨」，成為無國界的世界最大黨。

5大雞尾酒基酒

Gim・Tequila・Rum・Whisky・Vodka

調製雞尾酒通常是以5大烈酒為基酒,包括「琴酒」(Gim)、「龍舌蘭」(Tequila)、「萊姆」(Rum)、「威士忌」(Whisky)、「伏特加」(Vodka)。雞尾酒的調和比例其實也有其國際慣例,但隨著新飲酒文化改變,不但調和比例多有變化,連紅白酒、香檳、紹興、啤酒、清酒也都加入了基酒的行列,酒與酒之間的調和交集也多了;另有各種水果紛紛入列,甚至連養樂多、雞蛋也為美味中加入營養元素。

由於雞尾酒的種類高達數百種,新的創意又不斷源源而來,雞尾酒文化也不再偏限於原來的5大基酒,有些Bar甚至已不再提供酒單,只要消費者告知主要基酒、再依平常品飲的習慣,偏酸、偏甜、或短時間滿足的即飲型、或要慢慢品味的長飲型等需求,酒師便會為你量身訂製。當然,還是有Bar會提供一套美侖美奐或怪怪的酒名,如「新加坡司令」、「血腥瑪莉」、「螺絲起子」或「曼哈頓」,名字冠冕又堂皇,但如果沒有一點概念,實在不知道今天是要「叫司令」還是「喚螺絲」,更何況還有不斷發表的創意新作,包括「神經大條」、「月經冰茶」,或者由影集＜慾望城市＞女主角之一凱莉所帶動的流行調酒「柯夢波丹」(Cosmopolitan),光從極具挑逗性的命名,再品嘗加入橘香酒、蔓越莓、檸檬等偏酸甜的果香味去調和濃烈的伏特加時,彷彿化身為時尚女主角。

因此建立基酒的概念,遠比喝下不知名的調和飲品重要,下面介紹5大主要基酒及最常登上雞尾酒排行榜的種類、建立起5大基酒所調和起來的口味,爾後如果想要自創口味、考驗酒師的能耐,依照這樣的常識調和出來的口味應八九不離十,酒師還會認為你是箇中行家呢!

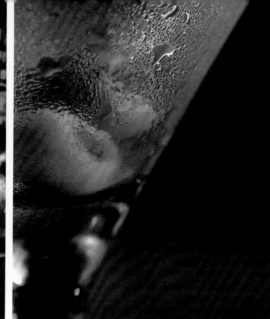

第一類　Gim琴酒

典故

　　琴酒的原料是「杜松子」(Junniper Barry)，據說杜松子的成分能利尿及促進腸胃蠕動，無論是餐前及餐後都很適合飲用。而琴酒調出來最的代表作，正是素有「雞尾酒帝王」稱號的「馬丁尼」(Martini)，目前琴酒調製出來的馬丁尼家族已經超過200餘種變化。

招牌調酒馬丁尼做法

　　馬丁尼使用的是攪拌法，酒師將琴酒、苦艾酒、橙皮苦酒及冰塊放入雪克杯，用叉匙攪拌，再將隔冰器套上，讓酒過濾至雞尾酒杯內，最後噴上檸檬皮油及雞尾飾叉插上橄欖放於杯內。辛口又帶纖細的瞬間滿足，不但是男性品酒客尋找刺激的最佳經典作，也是入門者的必要嘗試。

其他人氣調酒

Pink-Lady	紅粉佳人	加紅石榴、檸檬、蛋白、牛奶
Gim-fizz	琴費茲	加檸檬、萊姆、糖、蘇打水
Singapore Sling	新加坡司令	加櫻桃酒、檸檬汁、蔗糖、蘇打水

第二類　Tequila龍舌蘭

典故

　　龍舌蘭是由一種常綠的多年草本植物發酵、蒸餾而成，由於具有獨特的甜味，16世紀時擁有蒸餾技術的西班牙人開始用這種汁液釀酒，成為龍舌蘭的起源；20世紀後隨著雞尾酒的熱潮，成為世界知名的酒，由龍舌蘭所調製最知名的，就是「瑪格麗特」(Margarita)。

招牌調酒瑪格麗特做法

　　製做瑪格麗特，首先Bartender要在雪克杯中分別放入酒、萊姆汁、冰塊加以搖勻；再另外將杯緣塗上檸檬汁、沾滿鹽巴，最後濾出酒倒入雞尾酒杯。這杯酒當年是一位調酒師為紀念狩獵中彈身亡的女友有感而做，雪花杯的鹽巴，代表著悲傷的眼淚，這帶點感傷及羅曼蒂克的風味，是情場失意的人都心有戚戚焉的選擇。

其他人氣調酒

Tequila Sunrise	龍舌蘭的日出	加柳橙汁、紅石榴、糖漿
Ambassador	大使	加柳橙汁、蔗糖漿、酒味紅櫻桃
Raising Sun	朝陽	加萊姆汁、野莓琴酒、酒味紅櫻桃、鹽巴

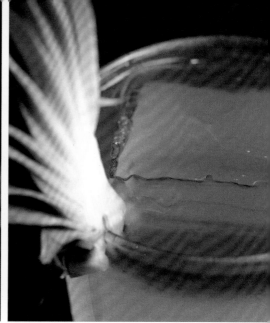

第三類　Rum萊姆

典故

　　萊姆酒是以甘蔗為原料的蒸餾酒。原產於西印度群島，18世紀時經過連續蒸餾及儲藏，發現了無論如何調和都不會失去萊姆特殊風味的優質淡味萊姆，後來又受到全世界雞尾酒風潮的影響，一躍成為酒品中重要的主角。由於萊姆含有豐富的維他命C，頗受女性朋友歡迎，其中最受歡迎的酒品是「邁泰」(Mai-Tai)。

招牌調酒邁泰做法

　　邁泰是在雪克杯中放入萊姆、檸檬汁及冰塊加以搖勻後，注入科林斯杯，暗色萊姆酒會漂浮在最上層，杯口則插上鳳梨片、檸檬片及柳橙片，有些人為創造出大溪地風情，還會用雞尾酒叉串酒味櫻桃及花飾，是一杯極其盛裝的雞尾酒。從視覺上就清楚知道這是一杯令人很愉悅的酒品，「Mai-Tai」在大溪地語裡為「最高」之意，故此作品又有「熱帶雞尾酒女王」稱號。

其他人氣調酒

X.Y.Z		加白色橙皮酒及檸檬汁
Cuba Liber	自由古巴	加新鮮檸檬可樂
Blue Hawaii	藍色夏威夷	加藍色橙皮酒、鳳梨汁、切片鳳梨、紅櫻桃

第四類　Whisky威士忌

典故

威士忌有以大麥和玉米混製、也有以純大麥麥芽搭配泥炭製造的麥芽威士忌，或者是以裸麥或玉米製成的威士忌。由於其醇香濃烈、喝來辛口、卻又有極飄渺令人想去解開的香味，這樣無止盡地探索與少一點的未滿足感，讓人無法不愛上威士忌的調酒。最知名的酒品有「曼哈頓」(Manhattan)。

招牌調酒曼哈頓做法

據說曼哈頓是英國首相邱吉爾母親的創作，當年是以裸麥威士忌及冰塊一起攪拌、過濾後，倒入雞尾酒杯，以酒味紅櫻桃當裝飾，再噴灑檸檬皮油。後來，因為威士忌種類選擇多，已少有人用裸麥威士忌為基酒，但曼哈頓卻仍然穩居世界雞尾酒寶座，即使酒精濃度高，但濃濃的檸檬香，依然吸引女性，成為高點杯率的飲品之一。

其他人氣調酒

Churchill	邱吉爾	加橙皮利口酒、苦艾酒、檸檬汁、酒味紅櫻桃
Dry Manhatten	辛口曼哈頓	加苦艾酒、拉苦酒、橄欖
Whisky Soda	威士忌蘇打	加蘇打水

第五類　Vodka伏特加

典故

　　伏特加是俄國最知名的酒，主要的原料有大麥、小麥、裸麥、馬鈴薯和玉米，經過連續蒸餾及除臭過濾，透明無臭無味、酒精濃度高達40%，口味細緻持久且獨立性強。目前已更廣泛使用在創意調酒裡，最著名的酒品是「螺絲起子」(Screwdriver)。

招牌調酒螺絲起子做法

　　製做螺絲起子，只要在果汁杯中放入冰塊、倒入伏特加及柳橙汁搖勻即完成。稀釋後的伏特加帶出濃濃柳橙香，讓人完全忘記這是由濃烈火酒伏特加所調出的雞尾酒，一續杯就有飄飄然的微醺感，是伏特加調酒中最超人氣的一款。

其他人氣調酒

Salty Dog	鹹狗	加葡萄柚汁、鹽巴
Blood Mary	血腥瑪莉	加蕃茄汁、檸檬汁、辣油、橄欖醋
Bull Shot	公牛	加清燉肉湯、鹽巴、胡椒

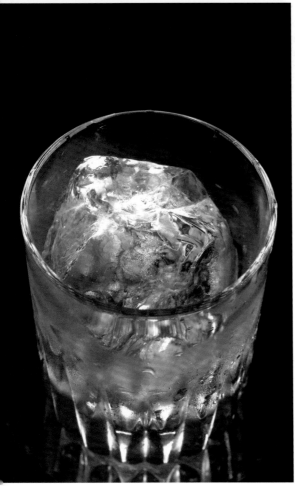

正式點杯雞尾酒

如何點酒‧價格

　　一般雞尾酒喝續杯、或混酒喝是很正常的事，喝時可先考量今天的喝法，如果準備要暢飲，可以先告訴Bartender，這樣就可以享受從淡味、飲至醇厚的滿足感。通常第一杯都是能立即享受暢快口感的即飲型，如「紅粉佳人」、「馬丁尼」，因為酒杯及酒料都經過冰凍，在3～4口、冰度還維持時喝完，才是最佳的口感時間；第二杯如果是長飲型，這時Bartender會加入冰塊及氣泡飲料類來調和，使長時間飲用不致變味，如「新加坡司令」、「自由古巴」。一般來說，男生點杯率較高的是「瑪格麗特」、「曼哈頓」，女生則是「柯夢波丹」、「馬丁尼」。當然，也可依照心情來點酒，超「High」、很「Happy」，就可以點長飲型的酒品，如「琴湯尼」(Gim Tony)、「長島冰酒」(Long Island)；心情很「Blue」，酒中就不能再帶氣、也不能有揶揄的甜味，整杯酒比較沒有單一特性，但一定要有些濃度，而且會造成微醺，如用「Dita」這個牌子的酒，調出有點荔枝的芳香，憂鬱的心情就會大大不同。

　　喜歡喝雞尾酒的人通常會一杯一杯點，才不會破壞口感，一杯200～300元之間的雞尾酒，間隔的時間雖沒限定，但由淡至濃，才會累加好品味，一個晚上如果喝了5杯，大約才千把元，但要濃到有個滿足的完結，Bartender的功力就很重要了。

置身雞尾酒品飲現場

場所・時間・穿著禮儀

在國外，雞尾酒會是很輕鬆的酒會，大家可以穿著很休閒或「Casual」，主人通常會提供幾款酒品供選擇。國內的雞尾酒會，雖然都是很正式的場合，大家也都盛裝出席，但事實上雖名為雞尾酒會、酒卻不是主角，酒品通常只有放在雞尾酒缸內的混酒。至於Lounge現在流行的創意調酒，可考考Bartender的功力，也可以自己DIY，每個人都有可能創造新的雞尾酒史。

位在安和路二段底、有點冷門路段的「Mojo」，是個能夠擁有專屬Bartender的小客廳，巷弄內故弄隨性的低調門面，以水泥原味自然隱藏，一副不讓過路客任意闖入的冷調。室內約30餘坪不大的空間，運用高低差設計，區格出互不干擾的空間；不過除非是周末，否則每個人都愛坐在可能是全台北市最長的吧台前自得其樂。視人無數的Bartender會在最短的時間，感受到你的心情，心情欠佳的就讓你安靜地啜飲、聆聽輕快的爵士樂掃除鬱卒，先

上杯「琴湯尼」、再來杯「自由古巴」，微醺之間早已忘了買醉的初衷；興奮的、要來分享喜悅與慶生，當然少不了來一款「環遊世界」囉！在「Mojo」，每個客人都是自己的家人，也都有屬於自己的角落，Bartender會貼心地依客人的心情，細心調製每一道飲品。特別的是，為了每道飲品與冰的比例恰到好處，每一種冰塊都是特別訂製的高密度老冰塊，工作人員每天手工自鑿，因為自鑿冰塊的角冰可以產生漂亮的折射光、圓冰融得較慢，表現在威士忌裡最為完美，其它冰塊還有不規則石頭型、方型、細長型，都是根據不同飲品放不同的冰塊，這樣的專業與貼心，難怪「Mojo」的客人總是捨舒服的沙發，就是要在吧台享受被照顧的幸福。

有別於一般人聲鼎沸的Lounge，來「Mojo」的人不是來趕時尚、也不是要讓自己麻醉在吵雜的音樂與談話聲中，多數的人只是想在不太吵的Lounge喝點酒、鬆懈緊繃的情緒，甚至安靜地獨飲。「Mojo」也是難得在晚上7點就提供晚餐的地方，可以把它當「Dinner Bar」，一次滿足食慾與酒興。「Mojo」的威士忌藏量也極為豐富，是許多威士忌家族常聚會的場所。

雞尾酒搭檔

最契合心情的點心

雞尾酒本身已有多重味道，通常當餐前酒或單飲，頂多就配些小點心。倒是有氣與無氣飲品，可搭配的點心會略有不同，如「琴湯尼」是有氣飲品，搭配薯條、魷魚絲、爆米花、焗烤類就很適合；「藍色心情」這樣的柔性組合，就可以來點讓人喜悅感的食物，如綜合起士鮭魚冷盤、泡菜；「長島冰酒」口味多重，比較適合佐小羊腸、海螺等重味道食物。

如何品嘗雞尾酒

怎麼喝

雞尾酒的品酒學問不大，只要不去影響杯溫，有腳杯的握杯緣或杯底都可以。比較優雅的方式是，以姆指和食指托住杯腳下方、其它手指自然托住；無腳杯果汁杯則握住下方1/3的部位即可，接著就可以慢慢欣賞酒師所要表現的精神，包括杯飾、調酒的顏色、整體創意，接著再聞香及啜飲，屬於比較輕鬆的方式。

裝飾品

但調酒不只酒杯多樣，包括雞尾酒杯、科林斯酒杯、甜酒杯、彩虹酒杯，酒師雪克、攪拌等調和之後，常常會放一些杯飾或調棒之類的東西，這些小細節絕對要小心，否則前面看你點得頭頭是道，拿起酒杯卻發現不過是說的一口好酒的藺草、草包，那可就糗大了。

一般來說，杯飾多半是酒中也有的素材，例如「螺絲起子」的柳橙片、「藍色夏威夷」的鳳梨片，甚至是「瑪格麗特」杯口的鹽巴，這些都有其視覺的統合或為完美口感而設計的，飲用前可以先取出來或吃掉，千萬別掛在杯口，會顯得很外行。另外，有些是放在杯子裡、也可以拿起來吃的，如「馬丁尼」裡的橄欖、「新加坡司令」裡的檸檬與櫻桃、「薄荷碎冰酒」(Mint Frappe)裡的薄荷；只是吃完的果皮、梗葉及雞尾酒攪拌器請放在餐巾上，千萬不要再放入杯子裡。有些女生會把衛生紙、口香糖都丟進空酒杯或煙灰缸內，以為是貼心的行為，其實不但會讓整理的人極為困擾，也過於小家碧玉、多此一舉了。

另類喝法

調酒・入菜

　　創意式的新喝法，通常都會以色澤、美觀為主，但有時會偏離主題，例如「美麗的彩虹」以7種不同的酒所調成，造成漸層美感的主要原因，是由甜度的密度所支撐；整杯酒相當甜，絕對不能攪拌，否則整杯酒會變成烏雲密布般的黑色液體，更甜得難以入口。另外，有些是以技巧取勝，如「藍寶基尼」，是用甜奶酒、藍色柑橘、咖啡甜酒、茴香酒、萊姆調成2杯酒，最後利用高酒精濃度的萊姆，以噴槍點燃、出現藍色火燄，視覺效果極佳，適合慶生活動的驚喜高潮！

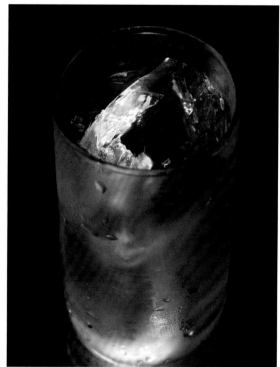

伏特加 *Vodka*

不 動 似 冰 ， 炎 烈 如 火 的 液 體 麵 包

店　名：Ziga Zaga Restauramt.Bar.Club

受訪者：歐立煒 Olivier Lenoir，台北君悅飯店餐飲部協理。曾於著名的「Lausanne Hotel School」學習餐
　　　　飲管理，西元2000年時加入凱悅國際集團，於新加坡君悅大酒店擔任「Brix」夜總會的餐廳經理，
　　　　隨後則榮調至雅加達君悅大酒店的開幕團隊，擔任餐飲部協理。開闊的世界觀，誓言將讓台北君悅
　　　　的餐飲團隊塑造成一個提供消費者最優質的服務與最新穎豐富的餐飲選擇。

地　址：台北市松壽路2號君悅飯店2樓

電　話：02-2720-1234

營業時間：用餐 11:30～14:30；18:00～21:30

　　　　夜總會時段 周一～周三21:30～02:30；周四～周六21:30～03:30，周日休息

Vodka

伏特加的起源

典故

　　伏特加之所以被俄羅斯人列為第一優先令人感到滿足的需求品，要從它的地理位置認識起。俄羅斯位近北極，不但終年冰天雪地，還要在一望無際的森林中忍受強風侵襲。冬天時，不但什麼地方也不能去，更別提有娛樂活動，唯一能取暖的，就是氣溫降到零下20、30度也不會被凍僵的伏特加。俄羅斯人相信伏特加是身體最好的保養品，寒夜喝能預防感冒、平日可做醫療殺菌用，因此，如果失去了伏特加來解愁與取暖，俄羅斯人的生命也將沒有任何意義。

　　從以上推理，伏特加應該是俄羅斯人運用極有限的物資及打發時間所釀造出來、符合這個國家地域性的飲品；不過，卻另有一說指出，9世紀時俄國開始有伏特加，而真正量產出適合飲用的伏特加則是12世紀時的波蘭人，到了15世紀，波蘭小王歐伯赫特(King Tan Olbracht)才又大力宣揚釀造。雖然，真正造酒鼻祖難以考據，但是，如果你發現18世紀時波蘭曾由俄、德、奧共治，誰先誰後，就不是那麼重要了。

　　19世紀時，俄羅斯還將釀酒的秘方當作秘密般地守著；現在，俄羅斯每人每年卻要喝掉近11公升的伏特加，家家戶戶都會釀酒，卻也延伸出國家生產力不足、酗酒的人所製造的家庭與社會問題。所以，伏特加到底有什麼魅力，叫人可拋家棄子、放棄裹腹麵包與生存的意義？實在令人非要一探究竟不可。

魅力

　　提起「Vodka」(伏特加)，會立即想到長年冰凍寒冷、及排了大半天的隊還不知是否可以買到一塊肉或麵包的俄羅斯人。不過，對俄羅斯人來說，食物有沒有買到不是頂重要的，最重要的是一定要買到每餐限量供應或每人限買單瓶的伏特加。俄羅斯人又稱它為「液體麵包」，歡樂時刻一定要有它，頹喪時刻更不能沒有它。在電影《BJ單身日記裏》可憐的瑞妮齊薇格連續2次相親都碰到同一個無趣男，絕望的她一回家就抱著「Absolut」猛灌，才能立即擺脫自憐自艾的窘況，由此可見伏特加無論喜怒哀樂，療效都很迅速。而伏特加一詞，源自於俄文「Vodk」，原意是「水」，字尾加上「a」變成「Vodka」時，則變成是「心愛的水」，由此可見俄羅斯人視伏特加的重要性超過自己的親密的人。

伏特加的製造看酒單

製造原料

　　據說，最早的伏特加是用一種牛吃的草去提煉釀製，味道相當接近迷迭香，波蘭有款伏特加的包裝瓶就一直印著一隻牛；後來，人們又發現同樣的製造原理也可以用當地生產的農作物來釀造各種口味的液體，包括大麥、小麥、裸麥及馬鈴薯等原料。釀製方式是用水浸泡、使其發芽糖化，之後乾燥磨碎、浸泡水中，再經過2次蒸餾出來後變成酒精和水的液體。伏特加在最初的製造過程中會產生很多殘渣，所以成為蒸餾酒之前要經過多次過濾，以增加清澈及透明感。伏特加除了純味之外，還有一些「調味的伏特加」，如水果類的檸檬、蜂蜜、梅子，或是以當地盛產的季節水果去加工釀造；香料類的則有辣椒、生薑、丁香、香草以及杜松子等，這些加味的伏特加蒸餾之後，一樣維持水晶般的透明感，只是液體中會散發出水果的香味，就叫「加味伏特」。伏特加的製作成分流傳於世界各地的農村，很多人都有基本的知識和設備可自行製造，大部分東歐的農民也會為自己的家人製做自認獨一無二、高品質的飲用酒。

產地

　　產地包括俄羅斯、瑞典、波蘭、丹麥、美國等，全球知名品牌有俄國的「Sojuzplodoimport」、「Moskovskaya」，瑞典的「Absolut」、波蘭的「Finlandia」，由於進口商引進的限制，國內容易看到的是來自俄國的「Smirnoff」、瑞典的「Absolut」、波蘭的「Belvedere」、「Chopin」，以及美國的「Skyy」。俄國全國有百家大釀酒廠，號稱其釀製的才是公認百分百純淨的伏特加；而波蘭則是供應東歐的主要大廠，美國的伏特加則因為口味較淡，就屬愛用國貨的美國人情有獨鍾。

年份‧包裝‧酒標

伏特加其實是不太講究年份，清澈及純度的比例才是行家的要求，所以，通常酒商都會強調原料之產地及經過多少次的蒸餾，甚至也有特別說明是蒸餾後放入橡木桶陳年。雖然伏特加並不強調年份，但是，陳年在橡木桶或雪莉酒桶的伏特加又多了一種名門香味，身價自然又隨之水漲船高。由於伏特加的酒色是透明的水色，多數品牌包裝都以透明酒瓶設計，以便能看見清澈的酒色，少數為了吸引年輕族群，開始有一些不同的設計。目前，台灣能看到的廠牌是：

Absolut	瑞典	銀蓋，瓶頸短短的，草寫的英文簡介修飾的圓嘟嘟的瓶身。
Stolichnaya Crystal	俄羅斯	瓶型由瓶頸接著瓶身、由細而粗，有一些流線感。
Smiroff	俄羅斯	瓶型是一般圓身樣式。
雪樹、蕭邦	波蘭	明顯的長頸長身，並以波蘭著名的總統官邸「Belvedere House」及「Chopin」肖像為瓶身設計。
Skyy Vodka	美國	突破傳統，圓瓶、藍身，朝向年輕化設計。
銀狐	丹麥	造型突破玻璃瓶身，以銀色做酷炫的表現，最具顛覆性。

伏特加所有的資料，都以英文清楚地標示在酒瓶上，包括出產工廠、國家、製造原料、酒精成份，完全沒常識也沒關係，只要先在純味與加味中做選擇、決定了純飲或調味，價位落差就不會太大。品飲伏特加時最需要小心的資訊，應該是酒精濃度，因為酒精濃度從40～48%都有 (國內僅准進口含酒精量至40%，超過40%的都是店家自己從國外帶回)，不小心喝一口就多喝8%，不醉才怪！

如何看酒單點酒

以下是國內常見的酒單：

ITEM	中文名	QTY	PRICE/glass	PRICE/Bottle	
1.Absolut	絕對		290	3,500	Vodka
2.Absolut Citron	檸檬伏特加			3,500	
3.Danzka Currant	銀狐伏特加			3,500	
4.Skyy Vodka	思凱伏特加	375 ml		2,000	
5.Smirnoff	斯密洛夫	1,000ml		3,800	
6.Absolut Kurant	紅梅伏特加			3,800	
7.Absolut Mandarin	橘子伏特加			3,800	
8.Belvedere	雪樹			3,800	
9.Chopin	蕭邦			3,800	

第一類　純釀

　　純飲伏特加時，聞起來的味道都是濃濃的酒精味，真正品飲時的口味各有不同，純以馬鈴薯釀製的伏特加，如「Chopin」，味道就要比用麥類、水、酒精去釀造的「Absolut」、或「Belvedere」來的濃厚；也可能是因為促銷手法的關係，來自瑞典的「Absolut」在台灣市場佔有率高達8成以上，所以，純飲的人就以酒單第1款為主要飲品。「Absolut」是以冬麥及天然泉水連續蒸餾2次釀製而成，帶些甘果及麥香，細膩而順口。

第二類　水果氣味

　　第2.6.7款的「Absolut」都加入了檸檬、柑橘、紅莓之類的水果，有著令人興奮與豐富的特別果香。酒中含有的水果角也是其知名的地方，尾韻相當持久，多數人會依自己喜好的氣味點做調酒的基酒。酒單中第3款「Danzka Currant」來自丹麥，加入紅莓類的果實，和酒單第6款口味相同，只是前款以酷酷的銀罐做包裝，後款仍維持「Absolut」一慣的穩重造型。

第三類　女性偏愛

　　第4款「Skyy」來自美國，雖然也經過4次蒸餾、3次過濾，強調純淨，但由於味道比較淡而柔順，除了忠誠愛國的美國人之外，出乎意外的，反而成為許多女性願意開始嘗試伏特加的第一選擇。

第四類　俄羅斯酒王

　　第5款「Smirnoff」可是來自俄國的最大釀酒商，以穀類、麴等植物經過7順活性炭、8小時過濾手續、3次蒸餾，號稱百分之百的純度，為當地佔有率最高的品牌。喜歡伏特加的人，當然也免不了要品嘗來自俄羅斯的酒王。

第五類　頂級伏特加

第8款的「雪樹」，以波蘭著名的總統官邸「Belvedere House」為瓶身設計、以寒冷中的雪樹強調其純正，單面雪霧瓶身卻都可透視至另一頭官邸的設計，光視覺就感受到不凡出身。而雪樹正是以波蘭地區的黃金裸麥4次蒸餾而成，口感濃郁細緻、散發香草芬芳，價錢雖較高，但嘗過的人都說，「獨特果香、口感平滑如絲綢，餘韻持久，原來，頂級伏特加是溫潤可口。」大大顛覆了伏特加的傳統印象。

第六類　蕭邦特級酒

第9款以波蘭音樂家蕭邦的雋永，來提升伏特加永垂不朽的古典。在電影《戰地情人》首映時，鋼琴王子陳冠宇也曾應邀彈奏蕭邦名曲，現場來賓暢飲「蕭邦」伏特加，重現古典樂經典畫面。以波蘭馬鈴薯4次蒸餾萃取而成，具獨特蘋果味，口感精醇、餘韻清冽。

所以，當有人說伏特加是工業酒精時，這可能是因為他們還沒有真正嘗到「火酒」下的纖柔。

正式點杯伏特加

如何點酒．價格

一般單杯的伏特加大概是300元，單瓶則從500～3,300元左右。初入門者即使以單杯做嘗試，也會被傳統高酒精量的伏特加嚇到，不如先點一杯以伏特加為基酒的雞尾酒，如「奇異果馬丁尼」(Kiwi Martini)或加入百香果的「熱情時尚」(Passion Trend)，不但不覺濃烈，以水果調味的雞尾酒，還會讓人不知不覺就上了癮。

與會人數如果超過4個人，以單點1瓶較為划算，因為1瓶伏特加約可以調成25杯調酒，如果只是簡單地兌入薑汁、蘇打水、檸檬汁，也可請Bartender代勞。如果是三五好友想自己嘗試做不同實驗組合、再給予命名，一不小心就有另一款超人氣的「柯夢波丹」又流行了起來，是新世代最喜歡在Lounge裡玩的遊戲。

人數超過10個人時，就挑選價位約在250～350元左右的點心4～5碟，如橄欖、核桃類的小點，每個人的平均消費反而降低變成500～600元，都是6、7年級可以輕鬆負擔的預算。

置身伏特加品飲現場

場所·時間·穿著禮儀

俄羅斯由於氣候因素、及長期物資缺乏,喝伏特加已成為俄國人生活及文化上不可缺少的部分。最初伏特加只用來做開胃酒、佐餐飲用或餐後小酌,但因為它能令俄國人在面對個人的挫折及毫無希望的國家未來時,馬上精神振奮、兩眼有神,再冷酷的人都會被伏特加給融化,這就是「火酒」稱號的由來。而一般人下班即馬上到餐館喝被政府限量飲用的伏特加,即使有能力購買單瓶的人,

還不一定買得到呢!而買得到的人,一進公寓、便等不及地在樓梯就喝起來,完全沒有品酒這回事,如果還拿到陽台、坐在椅子喝上的人,就已經是上流人了。如果,有人邀約作客,那絕對沒有猶豫的空間,除了準時赴約,飲罷,還要依俄羅斯傳統將杯子摔入壁爐,以表示暢飲盡興。

在台灣,品飲伏特加可是一件風雅的事,你可以到Lounge Bar來杯即興調酒,也可以到飯店的酒吧慢慢品味。君悅飯店二樓的「Ziga Zaga」,正是華麗時尚娛樂地標,集義式餐廳、酒吧與夜總會的複合式俱樂部餐廳,裡面有2個高腳吧台區、數個極簡風格的方桌與長桌、6個搭配方格五彩沙發座的圓形桌,及4個以透明玻璃間隔的半開放式包廂等座位區。澄黃的燈光和音樂的營造,從午間活力十足的義式美食餐廳、到晚間浪漫雅致的餐飲時段,再隨著落地窗外夕陽西下後的星光夜景、又轉為令人極為輕鬆的Lounge氛圍,每一個時段都會對這邊的氣氛和裝潢,感到格外輕鬆自在;到了夜晚,節奏鮮明的流行音樂及國際樂團的現場演出,更常令人忘情地婆娑起舞。「Ziga Ziga」的義大利原文正是「閃電」的意思,如同「Ziga Zaga」誓言無論在異國美食、品味美酒、現場演奏和狂熱勁舞,都是以領導新娛樂風格為指標。

在飯店業者努力平民化之下,到五星級飯店喝小酒、抽雪茄、享受美食,已經不是名流才能去的地方。原創設計師季裕棠也說:「在『Ziga Zaga』裡,加入了成熟的沉穩氣息,這種味道讓身處其中的男人們更有自信與魅力,讓女人覺得像是被懷抱在溫柔的臂膀當中。」難怪,有人說,沒去過「Ziga Zaga」,別說你懂得時尚!

伏特加搭檔

只要能助興的就行

　　在俄羅斯也沒什麼餐前酒餐後酒，通常就是一晚到底的伏特加，也不曉得是俄羅斯物資過於缺乏、能夠叫得出名字的食物太少，還是魚子醬確實是最美味的食物，品酒人士一致認為伏特加與魚子醬的組合最對味；不過，一般的老百姓可能一整年都吃不到一次魚子醬，頂多就是乾乾黑黑的麵包夾酸黃瓜或醃漬魚罷了。倒是如有幸被邀請到俄國人家裡做客，就一定會有魚或醃肉、及自己烘烤的點心，看起來應該是沒有什麼最佳口感組合的道理在裡面，純粹是在物資缺乏中多放2個盤子，表現主人的誠意罷了。台灣的Lounge Bar裡，變裝後的伏特加其實並沒有什麼特別在味的點心，一般就是提供橄欖、腰果、胡桃等有咬勁的小點，緩和一下純飲的濃烈、或為調酒加味助興。

如何品嘗伏特加

怎麼欣賞

伏特加最道地的喝法，還是純飲和冰鎮後飲用。好的伏特加放入冷凍庫不結冰，所以，箇中好手就喜歡將冰凍過的伏特加用shot杯，仰首飲盡。一入口、舌喉馬上被冰封，再流入胃部，就如熊熊火燄在燃燒，不勝酒力的人馬上應聲醉倒，連微醺的過程都省了。所以，酒精含量高達40%的伏特加不像香檳、啤酒般可以開懷暢飲，可俄國人喝伏特加時有其豪氣，每一個人都是高舉酒杯、一口喝下，秀出空杯時還會大叫一聲「哇」，一旁的人全被感染到無比暢快的滿足，但不是訓練有素的我們，在有樣學樣之前，最好先做些打底的前置作業，老手會先吃幾片塗過奶油的麵包，讓胃壁有足夠的油脂減緩對酒精的吸收。

怎麼喝

真正品飲伏特加的人，其實是用一種很欣賞的角度來飲用，觀色、聞香、品飲，讓舌上每個味蕾感受不同的味道，並在口中做輕漱吐氣的動作，令鼻子的嗅覺再次聞到香味，經過味覺的一番整理後，有些人甚至能感受到尾韻的甜味。

在台灣，品飲純伏特加分成2個極端，酒量好的人拼命挑戰高酒精濃度，連48%酒精含量的伏特加都有人在喝；多數人則是想知道伏特加到底有多火辣、但又不敢直接嘗試，於是點以伏特加為基酒的雞尾酒，如加入草莓水果酒與柳橙汁入味的「螺絲起子」，這是喜愛調酒的人不可錯過的代表作。不過，別以為香濃甜美的草莓、柳橙十分甜美，初入門者，點個2杯一定掛點。

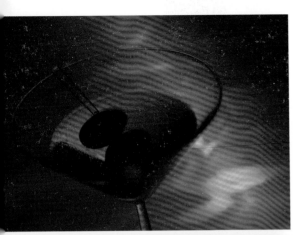

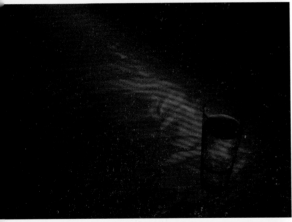

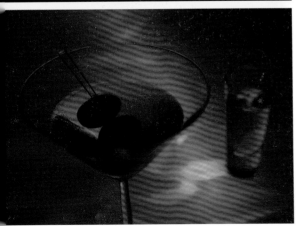

另類喝法

調酒・入菜

　　過去幾年，伏特加最常加入通寧水、蘇打水、萊姆酒，或是搭配酒精飲料和果汁調和，做為雞尾酒的基酒。近年來，伏特加逐漸成為最流行的酒類飲品，是因為伏特加和其它無味的酒類相較，像是Whisky、Bourbon、Gim比起來，它更適合應用於調製雞尾酒的基酒，和果汁、碳酸飲料混合後，並不會破壞原有的口感、顏色和純度。

　　而在Lounge Bar自創調酒風後，有些小道秘方就這麼傳開來，包括可爾必斯加通寧水、檸檬汁，杯緣沾鹽加入可口可樂，甚至傳言加入咖啡是黑手黨的新喝法；在微醺時刻，假扮你想要的任何角色，讓想像奔馳，也是另一種放鬆。

　　烈酒都會被拿來浸泡成藥酒，俄羅斯人也不例外，中藥裡所用的枸杞、人蔘，正是俄羅斯人的最愛；而東方人偏好辣椒、胡椒熱身養生，義大利的創意菜還有一道叫「伏特加義大利麵」，濃烈酒精成分的液體經過烹調、揮發得只剩說不出來的香味，嘗過這道菜的人說，你可以在這裡感受到烈士的柔情。

感謝名單，本書友情客串演出：

干邑
莫里斯·李察·軒尼詩（Maurice Richard Hennessy）

　　莫里斯·軒尼詩是軒尼詩酒廠創辦人李察·軒尼詩的第八代傳人。此次巧遇其專程從法國來台促銷新品、並熱心親自為本書示範。軒尼詩先生的嗜好包括烹飪和美酒，他還認為美酒的製作過程和音樂一樣，耐人尋味而雋永。

紅酒
梅昌興

　　太雅的作者，也是一位平面設計師，曾寫過《布里斯本·黃金海岸》，是個熱情、善解人意的男士。現任元定科技股份有限公司的副總。

白酒
許志忠

　　太雅的美術設計師，設計過的書籍多達上百本。熱愛逛超市、看電視、喝咖啡、啃麵包、買玩具。作品中總是同時呈現創意奇想與纖細巧思。

香檳
朱仙麗

　　太雅的作者，寫過《貓咪百貨公司》、《貓咪的私人派對》，除了貓咪，還喜愛旅遊、登山、戶外活動。

雞尾酒
Iris

　　《Traveller's 北京》作者，熱愛美食美酒還有旅行，認為人生只有得意之時與失意之時。得意時，當如李白所言「人生得意須盡歡，莫使金樽空對月。」失意時亦如李白所言「鐘鼓饌玉不足貴，但願長醉不願醒。」美酒當前，無須廢言，先乾為敬，忘了我是誰。

| 伏特加
林玉如

太雅的作者，寫過《雲南》，曾任雜誌社主編及社區大學自助旅遊課程講師，長年從事編輯和採訪工作。喜愛旅遊，特別喜愛研究日本文化，以及少數民族的生活。

| 干邑
林立仁

自由譯者，譯有Discovery頻道的《FBI檔案》、《推理探案》、《大廚遊酒鄉》、《宇宙超時空》、《超火辣改裝車》等節目。留學英國時，便已浸淫於酒香醺人的魅力中；覺得醇酒搭配爵士樂，是人生一大享受。崇尚微醺而不喜豪飲，認為品出酒的精神才算活出人生況味。

| 清酒
陳秀娟

曾經幫＜7-WATCH＞和太雅生活館出版社畫過插畫，筆名「小亨利的媽」，目前從事家飾品的圖案、背包商品的設計。已經是兩個孩子的媽，保持著模特兒的身高，和讓人忌妒的身材。

| 威士忌
陳恬櫻、翁月英

台北光點兩位優秀的waitress，特別提早整個下午前來協助拍攝。鏡頭前甜美可人的模樣，入夜拍攝完後、換上制服的帥氣模樣，與客人的應對與服務，專業十足！

Life Net品味飲食013

品酒時尚
Drinking in Style

作　者　楊惠卿
攝　影　David Hartung

總 編 輯　張芳玲
書系主編　張敏慧
美術設計　楊啓巽工作室
編輯助理　吳斐竣

TEL：(02)2880-7556　FAX：(02)2882-1026
E-mail：taiya@morningstar.com.tw
郵政信箱：台北市郵政53-1291號信箱
網址：http://www.morningstar.com.tw

發 行 人　洪榮勵
發 行 所　太雅出版有限公司
　　　　　台北市劍潭路13號2樓
　　　　　行政院新聞局局版台業字第五○○四號
印　　製　知文企業（股）公司 台中市工業區30路1號
　　　　　TEL：(04)2358-1803
總 經 銷　知己圖書股份有限公司
　　　　　台北分公司 台北市106羅斯福路二段95號4樓之3
　　　　　TEL：(02)2367-2044　FAX：(02)2363-5741
　　　　　台中分公司 台中市407工業區30路1號
　　　　　TEL：(04)2359-5819　FAX：(04)2359-5493

郵政劃撥　15060393
戶　　名　知己圖書股份有限公司
初　　版　西元2004年10月01日
再　　版　西元2005年8月30日　三刷（6,001～7,000本）
定　　價　330元
(本書如有破損或缺頁，請寄回本公司發行部更換；或撥讀者服務部專線04-2359-5819#232)

ISBN 986-7456-21-1
Published by TAIYA Publishing Co.,Ltd.
Printed in Taiwan

國家圖書館出版品預行編目資料

品酒時尚/楊惠卿作.David Hartung攝影
　初版. 臺北市：太雅, 2004【民93】
　　　面；　公分.--（Life net品味飲食；13）.
　　ISBN 986-7456-21-1（平裝）
　　1.酒　2.飲食（風俗）
　　538.74　　　　　　　　　93016173

**掌握最新的流行情報，
請加入 太雅生活館「美食生活俱樂部」！**

很高興您選擇了太雅生活館(出版社)的「品味飲食」書系，陪伴您一起享受美食。只要立刻將以下資料填妥回覆，您就是太雅生活館「美食生活俱樂部」的會員，可以收到會員獨享的最新的流行情報。

這次購買的書名是：**品味飲食／品酒時尚**（Life Net 013）

1、姓名：＿＿＿＿＿＿＿＿＿＿＿＿ 性別：□男 □女

2、生日：＿＿＿ 年 ＿＿＿ 月 ＿＿＿ 日

3、您的電話：(公)＿＿＿＿＿＿＿ (宅)＿＿＿＿＿＿＿
　　地址：郵遞區號□□□＿＿＿＿＿＿＿＿＿＿＿＿＿＿＿＿＿＿＿＿
　　E-mail：＿＿＿＿＿＿＿＿＿＿＿＿＿＿＿＿＿＿＿＿＿＿＿＿＿＿

4、您的職業類別是：□製造業 □家庭主婦 □金融業 □傳播業 □商業 □自由業
　　□服務業 □教師 □軍人 □公務員 □學生 □其他＿＿＿＿＿＿＿＿＿＿

5、每個月的收入：□18,000以下 □18,000~22,000 □22,000~26,000
　　□26,000~30,000 □30,000~40,000 □40,000~60,000 □60,000以上

6、您從哪類的管道知道這本書的出版？(可複選)
　　□＿＿＿＿＿＿＿報紙的報導 □＿＿＿＿＿＿＿報紙的出版廣告 □＿＿＿＿＿雜誌
　　□＿＿＿＿＿＿廣播節目 □＿＿＿＿＿＿＿網站 □書展 □逛書店時無意中看到的
　　□朋友介紹 □太雅生活館的其他出版品上

7、讓您決定購買這本書的最主要理由是？ □整本書看來很有質感 □內容清楚，資料實用
　　□題材剛好適合 □價格可以接受 □其他＿＿＿＿＿＿＿＿＿＿＿＿＿＿＿

8、您會建議本書哪個部分，一定要再改進才可以更好？為什麼？
　　＿＿＿＿＿＿＿＿＿＿＿＿＿＿＿＿＿＿＿＿＿＿＿＿＿＿＿＿＿＿＿＿＿＿

9、您曾經買過太雅生活館其他的出版品，書名是：1.＿＿＿＿＿＿＿＿＿＿＿＿
　　2.＿＿＿＿＿＿＿＿＿＿＿＿＿＿＿＿ 3.＿＿＿＿＿＿＿＿＿＿＿＿＿＿

10、您平常最常看什麼類型的書？ □美食介紹及名店導覽 □食譜 □心情筆記式旅行書
　　□檢索導覽式的旅遊工具書 □美容時尚 □其他類型的生活資訊 □兩性關係及愛情
　　□其他＿＿＿＿＿＿＿＿＿＿＿＿＿＿＿＿＿＿＿＿＿＿＿＿＿＿＿＿＿＿

11、假如您以往有買過同樣題材的書籍，它們的書名是：＿＿＿＿＿＿＿＿＿＿＿＿

12、買到這本書的書店名稱是＿＿＿＿＿＿＿＿＿＿＿＿＿＿＿＿＿＿＿＿＿＿＿

13、哪些類別、哪些形式、哪些主題的書是您一直有需要，但是一直都找不到的？
　　＿＿＿＿＿＿＿＿＿＿＿＿＿＿＿＿＿＿＿＿＿＿＿＿＿＿＿＿＿＿＿＿＿

廣　告　回　函
北區郵政管理局登
記證北台字12896號
免　貼　郵　票

太雅生活館　編輯部收

台北市郵政53~1291號信箱

電話：(02) 28807556　傳真：(02) 28821026

地址：_____

姓名：_____

太雅生活館

創 造 生 活 的 感 覺 ， 學 習 優 質 的 品 味